工业升级和产业创新前沿研究丛书

藻菌共生技术在沼液处理中的应用

ZAOJUN GONGSHENG JISHU ZAI

ZHAOYE CHULI ZHONG DE YINGYONG

李 丹 / 著

U0301765

西安交通大学出版社
XI'AN JIAOTONG UNIVERSITY PRESS

图书在版编目(CIP)数据

藻菌共生技术在沼液处理中的应用/李丹著. — 西安 :西安交通大学出版社,2023.12
(工业升级和产业创新前沿研究丛书)
ISBN 978-7-5693-3504-0

Ⅰ.①藻… Ⅱ.①李… Ⅲ.①微藻—应用—废水处理—研究 Ⅳ.①X703

中国国家版本馆 CIP 数据核字(2023)第 204660 号

	Zao-jun Gongsheng Jishu zai Zhaoye Chuli zhong de Yingyong
书　　名	藻菌共生技术在沼液处理中的应用
著　　者	李　丹
责任编辑	杨　璠
责任校对	张　欣
封面设计	任加盟
出版发行	西安交通大学出版社
	(西安市兴庆南路 1 号　邮政编码 710048)
网　　址	http://www.xjtupress.com
电　　话	(029)82668357　82667874(市场营销中心)
	(029)82668315(总编办)
传　　真	(029)82668280
印　　刷	西安五星印刷有限公司
开　　本	720 mm×1000 mm　1/16　印张　10.25　字数　213 千字
版次印次	2023 年 12 月第 1 版　　2024 年 3 月第 1 次印刷
书　　号	ISBN 978-7-5693-3504-0
定　　价	99.00 元

如发现印装质量问题,请与本社市场营销中心联系。
订购热线:(029)82665248　(029)82667874
投稿热线:(029)82668804

作为世界上最大的猪肉生产国和消费国,中国的猪肉产量约占全球猪肉产量的一半。每个小型养猪场每年产生约 1 300 t 沼液,相当于每头猪每天产生 4～8 L沼液。对沼液进行适当的处理是养猪场日常管理运行中不可或缺的一部分。传统的污水处理设施多采用沉淀池一级处理、活性污泥法二级处理,不仅去除营养物质的能力有限,而且会浪费氮磷资源。因此,迫切需要一种高效率、低成本、更环保的废水处理方法,包括有效的处理、资源回收和可持续转化。

在循环经济理念下,微藻可以作为一种生物精制手段,将废水处理与能量/养分回收相结合。猪场沼液富含有机/无机氮和磷,将其作为微藻生长的培养介质,可以显著降低微藻培养的营养需求投入成本。从猪场沼液中生长的微藻体内获得的脂质和碳水化合物可被用作生物燃料的原料,微藻生物量也可用于其他有价值产品的提取。微藻和好氧细菌之间 O_2/CO_2 交换和代谢物质交换能够为双方生长提供有利条件,二者共同分摊环境压力。藻菌联合处理系统综合了微藻吸收废水中氮磷等营养物和有机物的能力以及细菌降解废水中有机污染物的能力,利用藻菌共培养体系能够进一步提高废水处理效率。

本书以作者的研究成果和工程实践为基础,对藻菌共生技术处理沼液的基本理论、试验研究和实际应用等内容进行了较系统的归纳和总结。通过大量的试验和实践数据,深入阐述了藻菌接种量、底物条件(碳/氮/磷比)以及固定化过程在强化脱氮除磷工艺中的作用规律,重点论述了藻菌联合处理沼液的作用机制,列举了藻菌共生技术在沼液处理领域的应用实例。最后对微藻处理废水和微藻生物质生产耦合技术的应用前景及研发方向进行展望。本书研究成果可为沼液生物处理体系和藻菌生物膜反应器的开发,以及藻类规模化培养和藻类生物质收获技术的提升提供参考。

本书的研究成果恐有不足之处,需进一步研究。希望更多学者和技术人员能够关注微藻处理废水及资源化利用领域,推动该技术的不断发展和推广应用。

作者

2023 年 6 月

CONTENTS 目　录

　　预计到 2050 年,全球人口将达到 99 亿。全球粮食需求预计将增长 70%~ 100%。人口呈指数增长的最重要挑战是如何以可持续和环保的方式确保粮食安全[1]。动物制品是食肉人群的主要蛋白质来源,猪肉是仅次于鸡肉的第二大食用肉类,这意味着养猪场的数量会随着人类饮食需求相应增加。沼液是由猪粪尿和猪舍清洁用水产生的,富含碳(有机碳和无机碳)、氮(尿素、氨氮和硝酸盐)、磷和其他营养物质[2]。中国是世界上最大的猪肉生产国,针对中国小型养猪场的研究表明,每个养猪场每年产生约 1 300 t 沼液[3],这个数量相当于每头猪每天产生 4~8 L 沼液[4]。在欧盟,养猪场也在不断增加,2017 年有 1.5 亿头生猪,欧盟评估从沼液中可获得 2.05×10^{10} m³ 的沼气潜力[5]。因此,对沼液进行适当的处理是养猪场日常管理运行中不可或缺的一部分。

1.1　猪场沼液的特性及环境风险

　　猪场沼液通常富含氮[特别是氨氮(ammonia nitrogen,NH_4^+-N)]、磷和有机碳,有机碳以化学需氧量(chemical oxygen demand,COD)和生物需氧量(biological oxygen demand,BOD)为代表。根据猪的年龄、饲料组成、养猪场的生猪数量、生猪饲养方式及温湿度等环境因素,沼液的组成可能会有所不同[6]。沼液中主要污染物的典型浓度可以表示为:2 000~30 000 mg/L BOD,200~

2 055 mg/L总氮(total nitrogen,TN),110～1 650 mg/L氨氮,100～620 mg/L总磷(total phosphorus,TP)[7]。以中国最常用的干清粪方式为例,其中的COD、TN、NH_4^+-N 和TP浓度能够分别达到5 664.17、1 100、732.5和564.67 mg/L。储存沼液的潟湖向空气中释放大量的 CO_2(厌氧消化)、甲烷(厌氧消化)、氨(通过氮在粪肥中挥发)、硫化氢(分解)、硫醇和其他挥发性酸。畜牧业是中国非 CO_2 温室气体排放的主要来源[8]。世界卫生组织允许空气中的氨水平是20 μg 氨每立方米空气,而集约化畜牧业周边地区空气中的氨水平高达300 μg 氨每立方米空气。在中国,畜牧场的粪便占总 N_2O 排放量的24％。空气中颗粒物的增加可能来自干燥的粪便粉尘,其中也可能含有各种微生物的气溶胶[8]。储存沼液的潟湖中额外的氮和磷会不可避免地从潟湖中浸出到邻近的农田、地表和地下水中。地表水和地下水中的 TN 含量应该低于50 mg/L,NH_4^+-N 含量应该低于1 mg/L,硝酸盐和亚硝酸盐含量应该低于10 mg/L。处理沼液的潟湖及其周围的地表和浅层地下水中含有高浓度的有机碳和氨。研究表明,泰国的他钦河流域受到严重污染的主要原因是养猪场沼液的排放(估计每年约有3 400 t 氮),这种高污染导致了溶解氧(dissolved oxygen,DO)的耗竭和鱼类的死亡[9]。地表水污染会影响饮用水的质量,还会导致富营养化和含有蓝藻毒素的有害藻华,可能导致急性中毒[10]。猪场沼液富含氮、磷等多种营养元素,可作为农田的潜在肥料。但是过量施用沼液会导致土壤中重金属过剩和有效磷的积累,从而导致作物中重金属的积累。在中国玉江县,由于猪饲料中的锌含量通常较高,导致农作物积累的锌金属量超过食品安全允许限量的60％[11]。这引起污染物从沼液流向人类消费的严重问题。综上所述,猪场沼液处理不当和排入环境会导致水体污染、富营养化、藻华、DO减少、水生生态改变、与动物和人类健康有关的严重气味问题等。已有研究表明,即使采用厌氧消化作为处理措施,沼液作为农田肥料处置依然存在重金属污染(特别是铜、锌、锰)和持续氨挥发等环境风险[12]。厌氧消化猪粪的"毒性和环境健康风险的生态评价"指出,NH_4^+-N 是仅次于重金属、COD和颜色的主要毒性因子[13]。因此在环境释放或灌溉再利用沼液之前,降低沼液中碳、氮(特别是 NH_4^+-N)、磷和其他外源性化学污染物,是非常必要的。

1.2 猪场沼液的传统治理方法

1.2.1 堆肥处理

如前所述,猪场沼液富含氮、磷等多种营养元素,可作为农田的潜在肥料。不同的养猪操作使沼液中主要营养成分 $N:P_2O_5:K_2O$ 的比例保持在 $10:0.6:0.3$,其他矿物质包括钾、铁、铝、钙、锌、铜和锰[14]。研究表明,从长远角度看沼液中养分(磷和钾)的肥效或生物利用度约为 1[14]。直接施用沼液会带来健康风险,因此将沼液中的猪粪堆肥是将粪肥转化为肥料的最简单方法。堆肥后,可溶性有机物和腐殖质含量增加,堆肥肥料的碳氮比和灰分存在差异,80 d 的堆肥时间足以将猪粪转化为农业基质[15]。

1.2.2 废水稳定池

废水稳定池(waste stabilization ponds,WSP)是最经济的废水处理方式,主要原因是其工艺简单、能耗低。WSP 是一系列用于废水处理的大型浅水池塘,通过微生物(异养菌和光合藻类的代谢过程)、化学、生物化学和水动力过程来去除营养物(氮、磷和钾)、有机物(BOD 和 COD)和污染物。根据池塘中的曝气和参与其中的微生物过程,WSP 可分为厌氧、兼性和好氧三种。WSP 通常设置成一系列数量不等的池塘。最常见的设置如下:厌氧池塘、兼性池塘、成熟池塘。每种池塘的营养和病原体去除效率可能不同,但这些池塘是由一系列不同数量的池塘组成的,需要综合考虑这些池塘的累积去除率。

1.2.3 人工湿地

人工湿地(constructed wetlands,CW)是相当于天然湿地的人造湿地,用于处理稀释的废水。CW 基本上是浅水池塘,由植被、土壤、微生物、水、促进吸附和去除污染物及营养物质的基质组成。表面流 CW 和潜流 CW 是两种主要类型,但陆续有许多新类型 CW 出现,如断续补给 CW、人工曝气 CW 和折流 CW[16]。由上述两种或两种以上 CW 组成的称为混合 CW,用于有效的废水处理。如前所述,CW 对养分的去除表现在以下几个方面:通过厌氧细菌对沉积物进行沉降和降解,通过好氧细菌对悬浮有机物进行降解,通过硝化/反硝化、亚硝化/反亚硝化、氨氧化和氨挥发等方式对氮进行去除,通过特别添加底物/吸附剂、植物和微生物的吸收、沉淀和移除等方式对磷进行去除[17]。

1.2.4 水生植物系统

水生植物系统(aquatic plant systems,APS)类似于废水稳定池,但池塘中存在漂浮植物,以增强废水中养分的去除。通过植物吸收、沉淀、过滤、细菌/藻类活动和一些化学沉淀来去除污染物/营养物质[18]。这些系统可以作为废水排放前的二级或三级处理,但由于其高营养负荷和污染水平,不能作为一级处理过程。目前,两种漂浮植物——浮萍和水葫芦已被用于 APS,特别是用于猪场沼液处理[18]。

1.2.5 好氧/厌氧/缺氧系统

猪场沼液的好氧、厌氧和缺氧处理是根据系统的需氧量来确定的。这主要基于脱氮过程中所涉及的微生物群落。氨分解为氮需要两个步骤:首先是硝化作用,氨被好氧自养细菌氧化为硝酸盐/亚硝酸盐;其次是反硝化作用,硝酸盐/亚硝酸盐被缺氧异养细菌转化为分子氮[19]。上述步骤依次应用于猪场沼液的生物处理中,用于除氮。可以使用沼液中的土著菌群,也可以提供经过试验的接种物,如活性污泥。在除磷方面,废水处理厂主要利用磷积累生物来强化除磷,主要包括 *Accumulibacter* 和 *Tetrasphaera* 等细菌属[20]。两级厌氧-好氧系统是目前最常用的猪场沼液处理系统。

1.2.6 厌氧消化

厌氧消化(anaerobic digestion,AD)是将猪粪中复杂有机物转化为沼气的过程。产生的沼气主要成分是甲烷,除此之外还含有 CO_2、硫化氢和氢气等气体,并伴随产生富含 COD 的液体消化物。厌氧消化是世界上大多数畜牧场最常用的粪肥处理方法。猪粪元素分析预测理论沼气和甲烷的产量分别为 1.12 L/g(沼气/挥发性固体)和 0.724 L/g(甲烷/挥发性固体)[21]。如果对中国台湾所有猪场的粪便都进行厌氧消化处理,大约有 540 万头猪,估计每年可以节省 3 540 万美元的电力和沼气开支,同时减少 180 000 t 的 CO_2 排放[22]。厌氧消化产生的液体消化液仍然富含有机碳、氮和磷,在环境释放前应进行处理。

1.3 微藻培养作为生物修复替代方法用于沼液处理

自然界中的微藻能够进行光合作用,在光自养培养模式下,微藻利用光能

将大气中的 CO_2 转化为有机生物质。在光合作用的暗反应中产生的碳水化合物被进一步代谢以满足能量需求或作为能量储备储存起来[23]。因此,微藻和其他异养生物一样,在遗传上具有中心碳代谢途径。一些微藻能够在没有光照的情况下利用有机碳作为碳和能量的来源,这被称为异养培养模式。异养培养模式在发酵过程中可以达到较高的细胞密度,易于收获,产量较高[24]。混合培养模式结合了自养培养模式和异养培养模式,在光照条件下同时利用有机碳和无机碳[25]。混合培养模式通常是废水处理的首选,比如猪场沼液的处理,微藻可以利用沼液中的有机碳,而且混合培养模式中微藻所需光强较低,微藻能够处理光供应不足的沼液等深色废水。另一种以光为能源,以有机碳为碳源的培养模式称为光异养模式[25]。微藻的营养需求可概括为:以碳(有机碳/无机碳)、氮、磷和钾作为大量元素,以镁、硫、钙、钠、氯、铁、锌、铜、钴、钼、锰和硼作为微量元素。微量元素以微量金属溶液的形式提供,而大量元素则被大量供应以支持微藻生长和生物量积累[26]。根据微藻生物量组成的通用雷德菲尔德(Redfield)比,最佳的微藻生物量生产要求 C∶N∶P 为106∶16∶1[27]。这意味着生产 1 kg 藻类生物量需要 88 g 氮和 12 g 磷[28]。如前所述,猪场沼液富含有机/无机氮和磷,利用猪场沼液作为微藻生长的培养介质,可以显著降低微藻培养的营养需求投入成本,也可以帮助减少工厂生产过程中的水足迹。

1.3.1 微藻生物质的应用

微藻是一种可持续的绿色原料,可用于各类产品的生产,特别是高价值的药物和生物燃料的生产(主要因为微藻的光合效率高于高等植物)。微藻的碳氮比约为 5~20,而高等植物的碳氮比约为 18~120[29]。这是因为微藻不像植物那样有大量的碳储量,可以持续吸收大气中的 CO_2,对减缓陆地和水生环境中的碳排放有深远的贡献。由于微藻具有较短的生命周期和较高的生长速率,有利于提高单位面积的生产力,因此微藻生物量的年产量比传统生物燃料原料(如玉米或大豆)高出 7~13 倍[29]。图 1-1 总结了从微藻生物质中可以得到的产品。以碳水化合物为碳源,通过多种微生物发酵工艺可获得生物乙醇、生物氢、生物甲烷等生物燃料。微藻的三酰基甘油经酯交换反应可制备生物柴油。富含油脂的微藻可以积累高达干重 70% 的脂质。在人们逐渐意识到化学色素的不良影响后,微藻来源的色素可作为天然替代品,满足消费者的需求。脱油

微藻生物量约为 $17\sim20$ MJ/kg[30],与木材生物量相当,略低于煤炭[31],因此,利用热化学技术转化微藻中有价值产品提取后的生物量残留物是可行的[32]。藻类生物炭是一种绿色的生物吸附剂,可以用于污染物去除[33]和土壤改良[34]。由于微藻具有较高的蛋白质、抗氧化剂、维生素和矿物质含量,可用作畜牧业[35]和水产养殖业[36]的饲料添加剂。微藻蛋白,通常被称为单细胞蛋白,也可作为蛋白质补充剂来食用。

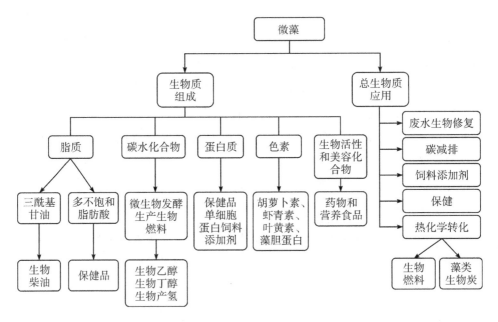

图 1-1　微藻生物质衍生的有价值产品及微藻总生物质的应用

1.3.2　微藻对 NH_4^+ 的利用及耐受性

NH_3 是一种挥发性气体,在室温下具有高达 35% 的水溶性。当 NH_3 溶于水时,可以通过可逆反应转化为 NH_4^+,这两种形式在 pH 9.2 下均处于平衡状态[26]。在猪场沼液中,这两种离子的存在率取决于水的 pH、离子强度和温度。在 pH>9.2 时以 NH_3 为主导形式,而在 pH 较低时以 NH_4^+ 为主导形式。NH_3 可以在细胞膜上自由扩散,NH_4^+ 则通过几种高、低亲和力的转运蛋白进入藻类细胞。NH_3 浓度为 2 mmol/L 时对微藻细胞有毒害作用[37],抑制机制可能是破坏光系统Ⅱ的放氧复合体[38]或破坏类囊体膜上的质子梯度[39]。在节旋藻和小球藻中,细胞内游离氨的增加会影响光系统Ⅰ、光系统Ⅱ、放氧复合体、电子传递链、非光化学猝灭甚至暗呼吸[40]。由于细胞内 NH_3 浓度依赖于扩散速度，因此无法控制。在低碱性水平下维持中等 pH，可以保持 NH_4^+ 存在。据 Gonzalez 等人的研究，每天将体系 pH 调整至 7，是藻菌系统处理猪场沼液过程中进行有效光合氧化的必要条件[41]。NH_4^+ 一旦进入细胞，可以通过以下两种途径被同化。第一种是 GS/GOGAT 途径：谷氨酰胺合成酶（glutamine synthetase，GS）作用于谷氨酸和 NH_4^+，生成谷氨酰胺；谷氨酸合成酶（glutamate synthase，GOGAT）作用于谷氨酰胺和 α-酮戊二酸（α-ketoglutaric acid，α-KG），生成 2 分子谷氨酸。该途径是光合生物中最活跃的 NH_4^+ 同化途径。第二种是 GDH 途径：谷氨酸脱氢酶（glutamate dehydrogenase，GDH）直接将 NH_4^+ 与谷氨酸结合。该途径发生在异养条件下，其中氨基酸作为氮源，起分解代谢酶的作用[42]。天冬氨酸、天冬酰胺、谷氨酸和谷氨酰胺是分解代谢过程中提供氨基酸的主要氮元素[43]。微藻其他典型的无机氮源，NO_3^- 和 NO_2^-，在被同化前被还原为 NH_4^+，因此 NH_4^+ 是微藻的首选氮源。此外，NH_4^+ 还可以通过抑制同化酶基因和吸收蛋白基因来控制/抑制 NO_3^- 和 NO_2^- 等其他氮源的吸收和同化[44]。

不同微藻在不同环境条件下对 NH_4^+ 的耐受性不同[45]。如前所述，pH 的增加会导致体系中游离 NH_3 的增加，造成藻细胞中毒。*Arthrospira platensis* SAG 21.99 在 NH_4^+ 浓度为 200 mg/L 时生长速率无明显下降，而 pH 增加到 9 或 10 时，其生长受到严重抑制[46]。*Spirulina platensis* UTEX 2340 在 pH 为 9～10，以 200 mg/L 的 NH_4^+ 和 200 mg/L 的 NO_3^- 作为复合氮源生长时，其最大生物量和生产力分别为 3.8 g/L 和 5.1 g/(m² · d)[47]。以小球藻和栅藻为优势的微藻群落处理猪场沼液，添加 CO_2 维持 pH 为 8，当 NH_4^+ 浓度为 800 mg/L 时，生物量生产力为 19.5 mg/(L · d)，当 NH_4^+ 浓度为 1 600 mg/L 时，生物量生产力为 17.1 mg/(L · d)；而在不添加 CO_2 的较高 pH 条件下，生物量生产力下降 21%[48]。NH_4^+ 浓度为 50～180 mg/L 的猪场沼液，初始 pH 修正为 8，以栅藻为优势的微藻群落的生长不受影响，但生长期间 pH 在 9～10 之间波动[49]。因此，适宜生长 pH 较高的微藻对 NH_4^+ 的耐受性较强[26]。

1.3.3　微藻对磷的吸收、去除和利用

磷是废水中第二大污染物。据报道，磷和化石燃料一样也是一种有限的资

源。磷对农作物至关重要,微藻的磷含量约为1%,磷是微藻生长和代谢所必需的大量元素。在微藻细胞中,磷存在于核苷酸、核酸和磷脂等重要的细胞代谢物中。几种废水的富营养化会随着水体中磷含量的改变而改变[50]。废水中的磷通常表示为 TP 和磷酸盐磷(生物有效可溶性无机磷,$PO_4 - P$)。正磷酸盐(HPO_4^{2-},$H_2PO_4^-$)是最容易被同化的磷形态,而其他有机磷形态的利用也在微藻中发现[51]。微藻从废水中去除磷可以通过反冲机制(磷积累发生在饥饿期之后)或过量吸收(在没有饥饿期的情况下聚磷酸盐积累)。然而对于商业养殖来说,反冲机制可能是有害的,因此,为防止这种情况发生,磷通常被过量添加。微藻磷胁迫是一个值得讨论的问题,因为微藻中通常存在聚磷酸盐,它可以通过增加磷酸盐的吸收转运体,增强底物的多样性,通过各种细胞内酶动员和回收细胞内的磷酸盐来引起应激反应[51]。Patel 等人对 6 种微藻(*Chlorella* sp.、*Monoraphidium minutum*、*Scenedesmus* sp.、*Nannochloropsis* sp.、*Nannochloropsis limnetica* 和 *Tetraselmis suecica*)的除磷效率和耐受性进行了评价。在光自养条件下,添加 10 mg/L 磷酸盐,*M. minutum* 和 *T. suecica* 对磷的去除效果最好,去除率分别为 79% 和 83%[50]。磷的添加对微藻脱氮也很重要,最佳除氮量和除磷量取决于废水的氮磷比。Li 等人研究发现,氮磷比为 5:1~12:1 时,*Scenedesmus* sp. LX1 对氮和磷的去除率增加,分别为 83%~99% 和 99%[52]。已有研究表明,在 WSP 中,由于磷的过量吸收,微藻细胞内的磷含量从 1% 上升到 4%[53]。综上所述,利用微藻过量吸收去除磷在废水生物修复中得到广泛应用。

1.3.4 沼液处理与微藻高附加值产品生产耦联

正如前两小节所讨论的,微藻能够从废水中去除过量的氮和磷,并且微藻在废水基质中生长旺盛。废水处理中最常用的微藻包括 *Chlorella* 和 *Scenedesmus*,这些藻类由于强劲的生长特性和高脂积累潜力而具有多种工业应用[7]。从猪场沼液中生长的微藻体内获得的脂质和碳水化合物可被用作生物燃料的原料,微藻生物量也可用于其他有价值产品的提取[7]。Cheng 等人评价了 *Chlorella vulgaris*、*Botryococcus braunii* 和 *Desmodesmus* sp. 三种微藻对猪场沼液生物修复的潜力。*Desmodesmus* sp. CHX1 对养分的去除效果最好,氮去除率为 79%,磷去除率为 92%,生物量为 0.88 g/L[54]。Marjakangas 等人筛选了三株微藻(*Chlorella sorokiniana* CY1、*Chlorella vulgaris* CY5 和 *Chlamydomonas* sp. JSC-04)的最佳氮浓度和产脂潜力。在 20 倍稀释的厌氧消化猪场沼液中，按干重计算，*C. vulgaris* CY5 能积累约 55％的脂质[55]。Gutierrez 等人对 4 种产油微藻 *Neochloris oleoabundans*、*Dunaliella tertiolecta*、*Chlorella sorokiniana* 和 *Nannochloropsis oculata* 的耐氨性进行测试，发现利用废水作为营养物质可以有效地提高微藻生产生物燃料的经济效益[39]。*Chlorella* sp. GD 在 25％(v/v) 稀释的未经处理的猪场沼液中的脂质含量和脂质生产率分别为 29％和 0.155 g/(L·d)[56]。*Chlorella* sp. MM3 在猪场和酒庄混合废水(20％∶80％)中脂质含量最高，为 51％，在不同的混合废水中，氮去除率为 51％～89％，磷去除率为 26％～49％[57]。猪场沼液中生长的微藻除含有脂类外，还含有碳水化合物、蛋白质和类胡萝卜素等有价值的化合物。生长在厌氧消化猪场沼液中的微藻(*Chlorella* sp. 和 *Scenedesmus* sp.)体内较高的蛋白质含量和 $\Omega-3$ 脂肪酸含量使他们成为适宜的猪饲料补充剂[58]。*Chlorella vulgaris* JSC-6 在 5 倍稀释的猪场沼液中生长良好，混合营养模式下生物量达到 3.96 g/L，碳水化合物占生物量总重的 58％[59]。在含 5.6％(v/v)猪场沼液的混合营养模式下，*Chlorococcum* sp. 的生物量生产力为 23.4 mg/(L·d)，碳水化合物含量占生物量总重的 45％[58]。产烃藻株 *Botryococcus braunii* UTEX 572 能在经过好氧处理的猪场沼液中生长和产烃，生物量和烃的含量分别为 8.5 mg/L 和 0.95 g/L[60]。由 *Scenedesmus* sp.(*S. acutus*、*S. spinosus* 和 *S. quadricauda*)组成的微藻群落能够在发酵的猪尿液中以 3％的速度生长，该群落的色素含量增加了 2～30 倍，包括虾青素、叶黄素、α-胡萝卜素和 β-胡萝卜素[61]。产虾青素的绿藻 *Haematococcus pluvialis* NIES-144 能够在猪场沼液中生长并产生虾青素，虾青素含量为 5.1％～5.9％[62]。

如 1.2 节所述，除 WSP 外，厌氧消化是废水处理的主要选择。厌氧消化产生的沼气是甲烷、CO_2、氢气和其他气体的混合物。根据欧洲生物燃料标准，作为燃料使用的沼气的甲烷含量必须超过 95％。沼气中甲烷含量的提高和 CO_2 的去除被称为沼气升级。微藻在光自养培养中利用 CO_2 作为碳源，因此微藻培养已成为一种处理富营养化消化出水并同时进行沼气升级的手段。利用 *Scenedesmus obliquus*(FACHB-31)同时进行沼气升级和厌氧消化液的生物修复,含有厌氧消化液(1 600 mg/L COD)的培养基中营养物质去除率分别为 75% TN 和 82% TP,生物量生产力为 311 mg/(L·d)。沼气的甲烷含量由 58%提高到 88%,初始 CO_2 浓度为 37%时 CO_2 的去除率为 79%[63]。在一项类似的研究中,发酵罐中含有 0.3%(v/v)硫化氢的沼气被直接注入含有厌氧消化液的 *Scenedesmus sp.* 培养液中,获得生物质产量为 1.1 g/L,CO_2 以 219.4± 4.8 mg/(L·d)的速率从沼气中完全去除[64]。因此,养殖微藻是猪场沼液较好的处理模式,可以获得燃料标准的沼气和对环境安全释放的废水。

1.3.5　基于微藻的处理方法与传统活性污泥处理方法的比较

通过比较猪场沼液传统的处理方法和基于微藻的处理方法发现,生态处理系统对环境更友好,但沼液中的营养成分被去除,而未被回收以供进一步利用。通过传统处理方法获得的含氮和磷的活性污泥可以转化为生物炭用于土壤改良,但对于大型废水处理系统来说,其能耗和成本较高。此外,部分氮可能转化为温室气体,增加全球变暖的风险。在许多天然废水处理系统中获得的生物量会被岩石过滤器或人工湿地进一步去除,作为处理的最后阶段。因此,传统的废水处理更像是一个线性过程,消耗能量,去除营养物质,除了废水修复之外没有额外收益。现如今,线性经济显然是不可持续的,需要回收利用像氮和磷这样的有限资源。在循环经济的理念下,微藻养殖可作为一种生物精炼厂,将废水处理与有益的营养/能量回收过程相结合。研究表明,利用人工合成废水进行微藻养殖可以获得 35%的净能量回收率,而在为废水处理提供必要的能量后,城市废水的净能量回收率可能达到 5%[65]。另一项研究证明,在高效藻类池(high rate algal ponds,HRAP)中养殖微藻进行废水处理,然后对获得的生物质进行厌氧消化,在某些情况下可以获得净能量增益[66]。从处理过的废水中可以获得氮、磷和水等微藻生长所需的基本营养元素。在开放的微藻池中曝气很简单,但对于活性污泥等处理方法,强烈的曝气对于有效地去除养分至关重要[66]。研究表明,使用微藻或微藻-细菌组合的 HRAP 与活性污泥系统等传统方法相比能耗更低[67]。对富能微藻生物量可采取不同的处理方式进行进一步的能量回收。一项关于生长在猪场沼液中的微藻生物量组成的文献调查表明,在猪场沼液中培养的微藻,其碳水化合物含量为 28%~58%,脂质含量为 21%~

46%,脂质产量为 130~1 100 mg/(L·d)[7]。在不同强度猪场沼液中培养的不同种类微藻获得的不同生物量组成说明,利用不同种类微藻可以获得多样性产物。从微藻中提取的碳水化合物和脂质都可用于生物燃料的生产,如生物乙醇、生物氢(碳水化合物)和生物柴油(脂质)。基于一项研究生产的微藻粉可用于有价值副产品的提取,并符合卫生标准[68]。因此,基于微藻的废水处理方法是提高处理过程可持续性和经济可行性的有效方法;但该方法也存在系统耐受负荷低、大规模应用对污染物去除效率不高,以及微藻进一步资源化利用成本较高等问题[69]。

1.4 藻菌共培养体系在废水处理中的应用

微藻可以通过与细菌的协同作用来改善废水生物处理过程。此外,藻菌生物质可以被收获并用于生物柴油或有价值的化学产品生产,或厌氧消化用于生物甲烷生产[70-74]。因此,藻菌废水处理工艺具有降低成本、提高能源利用率、减少发电厂二次污染物排放的潜力,如 CO_2、甲烷、六氟化硫和氮氧化物(NO_x)。

1.4.1 微藻和细菌的相互作用

藻菌废水处理系统综合了微藻吸收废水中氮磷等营养物和有机物的能力以及细菌降解废水中有机污染物的能力。通常以微藻对污染物的同化吸收为主,以细菌对污染物的降解为辅。藻菌废水处理系统中的微生物群落是复杂的,需要对微藻和细菌之间的相互作用有更深入的了解,以优化系统性能。藻际环境(phycosphere)被用来描述藻类分泌物影响其他共生微生物的区域[75]。微藻表面为细菌提供了有利的微生态位[76]。微藻与细菌之间的相互作用(图1-2)在微生态位水平上具有生态和生化重要性,并在系统水平上影响养分循环和生物量生产力[77-78]。微藻和细菌之间的关系有促进也有抑制。一方面,微藻可以为细菌提供 O_2 和营养物质,与细菌建立密切关系,微藻分泌物还可以促进细菌生物膜形成[79],维持藻菌互作关系;另一方面,微藻分泌的抗菌物质能够抑制或消灭部分细菌。同样的,一方面,细菌可以为微藻提供 CO_2 和营养物质,还可以维持微藻形态的稳定[80];另一方面,细菌部分分泌物能够抑制或杀灭微藻。

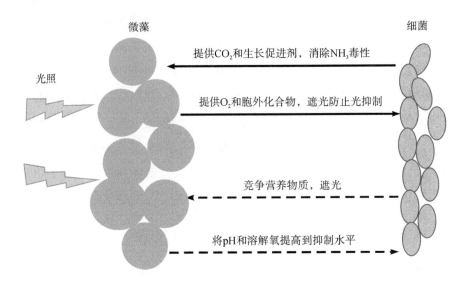

实线表示正面影响,虚线表示负面影响。

图 1-2 微藻-细菌相互作用

1.4.1.1 微藻和细菌之间代谢产物交换

微藻和细菌能够形成一个良好的循环体系,该循环体系中微藻和细菌之间代谢物质的交换能够为双方的生长提供有利的条件,并且藻菌共生体系有利于分摊外界环境的压力,对抗外来物种的干扰[81]。传统意义上的共生指的是两种亲密接触的不同生物之间形成互利的关系,而目前该概念已扩展到凡是存在频繁的亲密接触的不同生物之间的关系均定义为共生关系,无论其中哪方获益[82]。根据共生关系中双方的相互作用,可将共生关系分为 6 类[83],分别为:

(1)互利共生(mutualism),双方生物中的任何一方都对另一方生长有益;

(2)偏利共生(commensalism),双方生物中的一方对另一方生长有益,而前者既没有受到有益影响也没有受到有害影响;

(3)偏害共生(amensalism),双方生物中的一方对另一方生长有害,而前者既没有受到有益影响也没有受到有害影响;

(4)寄生或捕食(parasitism or predation),双方生物中的一方对另一方生长有害,而前者获益;

(5)竞争(competition),双方生物是敌对关系,任何一方都对另一方生长有害;

(6)中立(neutralism),双方生物没有互相影响。

研究人员对微藻和细菌的代谢产物及其相互作用机制进行了部分研究。细菌可以通过释放生长促进剂如植物激素（吲哚-3-乙酸和细胞分裂素）和维生素 B_{12} 促进微藻生长[76,84-87]。细菌 *Halomonas* sp. 可以产生维生素 B_{12} 以支持微藻的生长[84]。细菌 *Mesorhizobium* sp. 支持 B_{12} 依赖的绿藻 *Lobomonas rostrata* 的生长[88]。微藻产生的胞外聚合物（extracellular polymeric substances，EPS），包括碳水化合物、透明的外聚物颗粒（transparent exopolymer particles，TEPs）和蛋白质，可以促进细菌的生长[76,84]。细菌产生的 EPS 有助于在藻菌生物膜反应器中形成生物膜，有利于生物量的保留[89]。微藻还能产生对细菌有害的种特异性抑制代谢物[90]。细菌的生长也可能通过产生杀藻代谢产物抑制微藻活性[91]。大多数关于微藻与细菌相互作用的实验室研究都集中在一两个物种上。然而，对于微藻和细菌在废水处理系统中的协同作用，以及废水特性、反应器结构和操作条件如何影响处理效果，目前尚不清楚。此外还需研究出水中残留的代谢物对出水质量和水再利用潜力的影响。

1.4.1.2 微藻和细菌之间 CO_2/O_2 交换

微藻与好氧细菌最重要的相互作用之一是 CO_2 和 O_2 的交换。好氧细菌利用微藻光合作用产生的 O_2，并产生 CO_2 供微藻生长。平衡的 CO_2/O_2 交换将避免积累高浓度的溶解氧（DO），高浓度 DO 对微藻和细菌都是有毒的。硝化细菌还会降低游离 NH_3 的浓度，并将 pH 降低到不抑制微藻生长的水平[41,92]。微藻和细菌的相互作用也可以是拮抗的。例如，细菌会在营养有限的条件下和微藻争夺可利用的养分[93-96]。对共同底物（CO_2、HCO_3^-、NH_4^+ 和 O_2）的竞争也将改变微生物群落组成和氮代谢途径[97]。研究表明，利用 CO_2 鼓泡搅拌可以促进 HRAP 的硝化作用[97-98]。

1.4.1.3 微藻和细菌受光照强度的影响

光照是影响微藻生长的关键因素，然而，光照强度对微藻和细菌的影响是不同的。通常情况下，微藻活性随着光照强度的增加而增加，直到达到光合作用的饱和点 $[200\ \mu mol/(m^2 \cdot s)]$[99]。然而，微藻的光饱和水平是种特异性的[71,100-101]。例如，淡水绿藻 *Selenastrum minutum* 的最高增长率出现在光照强度 $420\ \mu mol/(m^2 \cdot s)$ 时，而 *Scenedesmus obliquus* 的光饱和范围是 $180\sim540\ \mu mol/(m^2 \cdot s)$[101-102]。硝化细菌比微藻对光照更敏感[103-104]。在光照/黑暗比为 12 h/12 h 的培养条件下，光照强度为 $75\ \mu mol/(m^2 \cdot s)$ 时会抑制氨氧化微生物(ammonia oxidizing microorganisms，AOM)和亚硝酸盐氧化细菌 (nitrite-oxidizing bacteria，NOB)的生长[103]，光照强度为300 μmol/(m^2 • s)时会观察到近乎完全的硝化抑制[105]。NOB 比 AOM 对光线更敏感[103-104]。光抑制 AOM 和 NOB 会影响藻菌系统中氮的去除，尤其是在户外条件下，光照强度高达 600~2 000 μmol/(m^2 • s)[71, 106]。然而，微藻对 AOM 和 NOB 的遮光可能防止光抑制。Vergara 等人研究表明，当光照强度低于250 μmol/(m^2 • s)时，在藻菌系统中没有观察到显著的硝化抑制[104]。

1.4.2 藻菌联合处理废水及影响因素

研究人员发现将微藻和细菌共培养能够改善废水处理效果[107-108]。因为细菌能够消耗微藻经光合作用释放的氧气，进而对废水中有机物进行降解，生成 CO_2 和低分子有机物，作为碳源提供给微藻[109]，反之，微藻经光合作用释放的 O_2 或有机物能供给细菌生长所需。与机械充氧相比，微藻释放的 O_2 更易被好氧细菌有效利用。因此微藻与细菌共同培养，能够降低体系中的部分机械曝气能耗，降低成本，还能够通过采收微藻生物质来回收资源[110-113]。目前许多学者已经开展有关藻菌互作处理废水的研究，主要集中在低浓度废水的处理(如城市废水[114-115]、造纸厂废水[116]和橄榄油厂废水[117]等)。

1.4.2.1 藻菌共培养体系的类型

常见的藻菌共培养体系主要有微藻和细菌共培养体系、微藻和真菌共培养体系及多种藻和多种菌共培养体系。研究人员利用上述藻菌共培养体系开展各类废水处理研究。Mujtaba 等人利用 *Pseudomonas putida* 和 *Chlorella vulgaris* 处理人工合成城市废水，结果表明，*P. putida* 能够增强 *C. vulgaris* 对 C、N 和 P 等污染物的去除效果[107]。Kim 等人筛选出 *Chlorella vulgaris* 的共生菌 *Microbacterium sp.* HJ1，该菌能够促进 *C. vulgaris* 在畜禽废水中生长[118]。Muradov 等人利用藻类和真菌共培养体系处理猪场废水，发现微藻和丝状真菌共培养提高了废水生物修复效率[119]。Lee 等人研究发现 *Sphingobacteria*、*Flavobacteria* 和 *Proteobacteria* 能够与 *Scenedesmus* 形成稳定的藻菌共生体系，并应用于城市废水处理[120]。微藻与多种菌构建的体系多是利用活性污泥中的混合菌群达到协同处理废水的目的，一些研究利用小球藻、栅藻等与活性污泥构建藻菌共培养体系处理沼液、城市废水及含硫废水等，均发现藻菌体系明显优于单藻或单独的污泥体系[121-123]。

1.4.2.2 藻菌联合处理废水的影响因素

藻菌共培养体系处理废水的条件会影响体系的稳定性和污染物的去除率，主要影响因素包括光照、pH、曝气量、废水 C/N 比值以及藻菌接种比等。Wang 等人研究发现，光照时间直接影响了藻菌体系对污染物的去除效果。当光照为 8 h 时，藻菌体系对 COD、TN、TP 和 NH_4^+-N 的去除率均较高[124]。大部分微藻适宜生长的 pH 为 7～9，pH 的改变会影响微藻的生长，因此需要维持废水处理体系最佳的 pH 范围。曝气量会影响体系中的 DO 含量，进而影响藻菌共培养体系处理废水的稳定性。Fan 等人研究 C/N 和曝气量对藻菌生物膜体系处理废水效果的影响，发现 C/N 对 NH_4^+-N 去除没有影响，对 COD 和 TN 去除影响明显。当曝气量为 0.15 m^3/h 且 C/N 升高至 6/1 时，COD、NH_4^+-N 和 TN 的去除率较好，分别为 99%、97% 和 53%[125]。藻菌接种比会影响体系处理废水的效果，Jiang 等人研究发现藻/真菌接种比为 1/3 时，对人工合成废水的处理效果最佳，对 COD、TN、TP 和 NH_4^+-N 的去除率分别为 76%、77%、75% 和 90%[126]。

1.4.3 基于藻菌共培养处理废水的生物反应器

基于藻菌共培养处理废水的生物反应器配置包括开放式池塘（WSP 和 HRAP）、封闭式光生物反应器和生物膜（或附着生长）反应器。这些生物反应器配置的简单原理图如图 1-3 所示，可用于商业的藻菌处理废水系统如表 1-1 所示。一般而言，WSP 和 HRAP 的初始成本较低（土地面积需求除外），但系统控制性较差[90]。封闭系统（管道式或平板式光生物反应器）有较高的初始成本，但可以很好地控制生长条件，在较小的区域内可以实现更大的生物量产量。反应器的选择高度依赖于土地成本、出水质量要求和预期的生物质利用[90]。

1.4.3.1 高效藻类池

高效藻类池（high rate algal ponds，HRAP）通常是浅的开放式水池（深度 0.2～1 m），内衬聚氯乙烯、黏土或沥青，以减少对周围土壤和地下水的渗透[71, 127-128]。叶轮通常用于提供湍流，提高微藻生产力和废水处理效率[129]。大规模应用 HRAP 进行废水处理是由 Oswald 和 Golueke 在 1960 年首次提出的[130]，此后这些系统被用于处理城市、工业和农业废水[71, 128]。与 WSP 相比，HRAP 可以提高氮和磷的去除效率[131]。由于与活性污泥等传统技术相比 HRAP 操作简单，因此也被建议用于小型农村社区的卫生设施[132]。此外，Deviller 等人在生产鲈鱼（*Dicentrarchus labrax*）的循环式养殖系统（RAS）中应用 HRAP 处理高浓度硝酸盐废水。在光合作用速率最高的几个月里，与 HRAP 结合的 RAS 中鱼类存活率更高[133]。

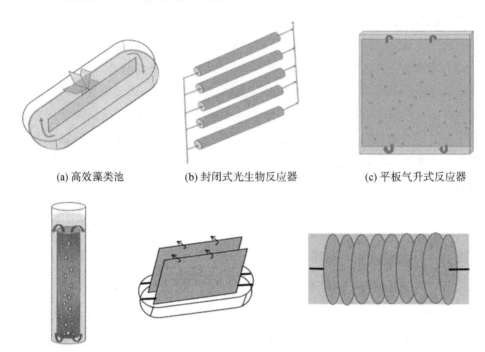

(a) 高效藻类池　　　　(b) 封闭式光生物反应器　　　(c) 平板气升式反应器

(d) 气升式反应器　　(e) 旋转藻类生物膜反应器　　　(f) 旋转圆盘生物膜反应器

图 1-3　藻菌处理废水的生物反应器配置

表 1-1　商业藻菌处理废水系统

反应器配制	藻类生长类型	公　司	网　址
跑道池	悬浮生长	MicroBio Engineering	http://www.microbio.cn/
封闭管道式光生物反应器	悬浮生长	SCHOTT North America, Inc.	https://www.schott.com/
藻类洗涤器	附着生长	HydroMentia	http://www.hydromentia.com/
藻盘光生物反应器	附着生长	ALGADISK	http://algadisk.eu/
藻轮	附着生长	OneWater	http://www.algaewheel.com/
旋转藻类生物膜反应器	附着生长	Gross-Wen Technologies	http://www.gross-wen.com/

虽然没有通用的 HRAP 设计手册,但许多研究者为大型 HRAP 的设计提供了有用的信息。HRAP 的深度范围通常推荐 0.2～1 m,取决于废水的透光清晰度[134]。HRAP 的水平水流速通常推荐 0.09～0.3 m/s,以提供良好的混合[71, 98, 131]。水力停留时间(hydraulic retention time,HRT)通常推荐 3～15 d[135]。HRAP 的实际应用面积通常推荐 1 000～50 000 m²[127, 129]。

HRAP 也存在缺点,主要表现在蒸发速率高和生物量沉降性差[135-136]。高蒸发速率[3～10 L/(m²·d)]可以通过控制湍流来部分减缓[135]。商业技术,如化学絮凝、沉降、溶气气浮(dissolved air flotation,DAF)、过滤和离心已经被应用于从 HRAP 中大规模收获微藻[128, 137]。混凝沉降法是大规模应用中最常用且复杂度最小的方法[137]。加混凝剂的 DAF 技术是有效的,但需要很高的能量[136, 138-139]。通过回收沉淀生物质和控制菌种,可以提高 HRAP 中的固体分离效率[71]。一种添加细黏土颗粒的藻菌黏土反应器(ABCT)可以增强 HRAP 中的 BOD 去除和固体分离[140]。

1.4.3.2　封闭式光生物反应器

与 WSP 和 HRAP 相比,封闭式光生物反应器具有更高的生物量生产率和光合效率,其污染物挥发的风险更小,水分蒸发损失更低[141]。Molinuevo-Salces 等人发现,管状光生物反应器处理厌氧消化沼液时,与开放式池塘具有相似的有机物去除效率(50%～60%),然而,封闭式光生物反应器的出水具有较低的总悬浮固体(total suspended solids,TSS)浓度[142]。

封闭式光生物反应器可以在任何开放空间操作,因为它们与环境条件是隔离的[143]。然而,封闭式光生物反应器的建造成本更高,并且需要透明材料(如玻璃和丙烯酸)来建造。封闭式光生物反应器中的高温会对生物质的生长产生不利影响,因此,可能需要冷却系统来保持培养条件低于 40℃[143]。封闭式光生物反应器的另一个缺点是 DO 积累。在封闭系统中,当太阳辐照度达到峰值时,DO 的浓度可达到 400% 的饱和度,这对微藻和细菌都是有害的[144]。在混合藻菌系统中细菌的耗氧量可以减少高 DO 对微藻生长的负面影响[145]。

封闭式光生物反应器模块可以以多种方式排列,包括水平排列、倾斜排列、垂直排列或螺旋排列。平板式和管状光生物反应器是最常见的设计,因为它们有较大的光照表面和较高的微藻生物量生产率[146]。与管状光生物反应器相比,平板式光生物反应器的 DO 积累较低,但温度控制问题较多。平板式光生物反应器的放大比管状光生物反应器更困难[146-147]。管状光生物反应器可以通过增加管状模块的长度或将模块连接成不同的构造来扩大规模[147]。

1.4.3.3 藻菌生物膜反应器

从 HRAP 和封闭式光生物反应器中收获悬浮微藻的挑战激发了人们对开发藻菌生物膜反应器的兴趣,这种反应器产生的出水 TSS 浓度低于悬浮生长系统[128]。在藻菌生物膜反应器中,废水通过反应器,而生物量仍然附着在固定或移动的支撑介质上。因此,微藻和细菌的停留时间(即平均细胞停留时间)远远长于 HRT。这使得藻菌生物膜反应器比悬浮生长系统在更高的有机和 NH_4^+ 负载率和更短的 HRT 下运行,因为生长速率较慢的群落(例如硝化细菌)被保留在反应器中。这些系统中的生物质必须通过从支撑介质中刮取下来获得[148]。研究人员已经利用藻菌生物膜反应器进行了几项试验、中试和全面研究[70, 149-150],然而,还需要进一步的研究来确定支撑材料和操作策略,以优化生物膜的形成和废水处理效率。还需要对藻菌生物膜废水处理工艺进行长期的中试和示范研究[151]。

1.4.3.3.1 支撑材料

用于支撑藻菌生物膜生长的材料包括聚乙烯、聚苯乙烯、聚氨酯、丝瓜络、尼龙海绵、纸板和棉花等[128, 152-153]。棉质帆布或粗线被认为是良好的支撑介质[154-155],但是每两三个月需要更换一次[151]。Wilkie 和 Mulbry 使用聚乙烯筛作为生物膜支撑介质来处理牛粪废水,废水中 TP 的去除率为 51%～93%,TN 的去除率为 39%～62%,生物量生产率为 5.3～5.5 g/(m² · d)[153]。Johnson 和 Wen 研究发现,聚苯乙烯泡沫为处理牛粪废水的小球藻提供了良好的附着表面,废水中 TP 的去除率为 62%～93%,TN 的去除率为 61%～79%,生物量生产率为 2.57 g/(m² · d)[156]。

1.4.3.3.2 反应器结构

藻菌生物膜根据支撑材料是否运动可分为固定生物膜和移动生物膜。固定式藻菌生物膜反应器的布局可以是水平的,也可以是垂直的。藻类洗涤器(algae turf scrubbers,ATS)是一种固定式生物膜反应器,已用于废水和地表水处理[157]。在这种反应器中,平板材料被水平放置在反应器中以支撑生物膜。ATS 比移动式生物膜反应器有更少的活动部件和更低的成本,然而,它们需要很大的占地面积。Shi 和 Naumann 开发了一种垂直双层系统,该系统由两层覆盖普通打印纸的玻璃纤维组成,用于附着生物膜的生长。利用滴灌系统将介质的流量均匀地分配到每个模块的顶部。垂直双层系统比水平 ATS 占用的空间更小[158-159]。

旋转藻生物膜反应器(rotating algal biofilm reactor,RABR)是一种移动式生物膜反应器,在这种反应器中,固体编织棉线缠绕在一个圆筒上,用于生物膜的生长[154]。螺旋圆筒部分(约 40%)浸在滚道池中,使用齿轮电机驱动圆筒旋转。RABR 能够实现 TP 和 TN 去除速率分别为 2.1 g/(m² · d)和 14.1 g/(m² · d)。在实验室规模,生物量生产率为 5.5 g/(m² · d);在中试规模,生物量生产率达到 31 g/(m² · d)。Gross 和 Wen 设计了一种 RABR,它由一条由棉质帆布制成的垂直旋转带和一个废水蓄水池组成。在中试规模,其最大的生物量生产率为 19 g/(m² · d)[160]。

藻菌生物膜反应器可以通过清除 CO_2 以提高生物量生产率,或与其他处理工艺相结合以提高废水处理效率。Zhang 等人报道在室外藻菌生物膜反应器中,通入浓度为 0.5% 的富 CO_2 空气,处理合成废水,生物量生产率为 60 g/(m² · d)[161]。将藻菌生物膜反应器与其他反应器相结合,可用于改良二级废水出水,进一步减少 TSS 浓度至 0.5 mg/L[162]。

1.5 转录组学在藻菌研究中的应用

转录组指的是细胞在特定情况下表达的所有 RNA,它反映了基因表达情况及代谢途径变化[163]。转录组一直处于动态变化过程中,它能够对外界刺激即刻发生响应。随着生物的生长发育,细胞在不同阶段其行为也发生相应的改变。因此转录组的研究能够指导人们了解基因表达的时间、地点及表达的程度。目前对于微藻的研究,如外源刺激提高微藻代谢产物含量[164]和利用微藻降解污染物[165]等,需要研究处于不同环境以及不同生长阶段的微藻的变化,使得转录组能够在此类研究中发挥巨大的优势。应用转录组测序技术首先对微藻的转录组进行高通量测序,可以在无参考基因组信息的情况下对微藻进行全面的转录水平分析,进一步确定微藻细胞内编码参与不同代谢途径相关酶的基因。在此基础上解析相关的生化途径,并对差异表达的基因和蛋白质进行定量和分析,有助于人们了解参与微藻生长代谢过程的组分和可能的参与方式,以及与环境互作的方式[166-170]。

转录组测序技术在微藻代谢研究领域有一定的应用。Wang 等人利用转录组测序技术分析了不同生长阶段的小型黄丝藻(*Tribonema minus*)体内的脂质代谢[171]。Lim 等人利用转录组测序技术结合代谢流分析了氮饥饿条件下扁藻（*Tetraselmis* sp. M8）体内的脂质积累规律[172]。Peng 等人利用转录组测序技术分析了胶球藻（*Coccomyxa subellipsoidea* C-169）对不同浓度 CO_2 的响应机制[173]。转录组测序技术在细菌代谢研究领域同样有一定的应用。Nigg 等人利用转录组测序技术分析了不同生长阶段枯萎病菌（*Ophiostoma novo-ulmi*）的转录调控和分子特异性[174]。Diniz 等人利用转录组测序技术分析了马克思克鲁维酵母（*Kluyveromyces marxianus*）对乙醇的应答机制[175]。以上研究均是利用转录组学技术分析微藻或者细菌对不同环境响应的代谢调控机制。转录组学技术的不断发展也推动了人们对不同物种之间相互作用关系的探究，已有研究人员利用转录组学对微藻和细菌的相互作用进行相关研究，例如多列拟菱形藻（*Pseudo-nitzschia multiseries*）和亚硫酸杆菌（*Sulfitobacter*）[176]、假微型海链藻（*Thalassiosira pseudonana*）和海洋玫瑰杆菌（*Roseobacter*）[177]，以及微型原甲藻（*Prorocentrum minimum*）和光合细菌（*Dinoroseobacter shibae*）[178]。1.4.1 中介绍了微藻和细菌处理废水过程中的相互作用，因此可以考虑将转录组学与微生物学和生化分析相结合，以扩大对藻菌互作的理解。

1.6 研究内容、目的及意义

1.6.1 研究内容

本书研究旨在开发一种高效处理沼液的高稳定性的微藻-细菌共培养体系，并明确沼液处理过程中的藻菌互作机制，实现沼液处理与生物质资源化利用的双赢。主要研究内容包括以下几个方面：

1. 筛选藻菌共培养体系。首先从猪场沼液中分离可培养的细菌。然后利用不同微藻（*Chlorella vulgaris*、*Chlorella pyrenoidosa*、*Desmodesmus* sp. 和 *Desmodesmus* sp. G41-M）培养液的上清液对分离到的细菌进行初筛，以获得能够利用微藻代谢物的细菌。最后将初筛到的各株细菌和其对应的微藻共同培养，以期构建一个互利共生的藻菌共培养体系，混合体系中藻菌双方中的任何一方都会对另一方的生长产生有益作用。

2. 构建能够高效处理沼液的藻菌共培养体系。首先对第 2 章研究中得到的 *Desmodesmus* sp. 和 *Bacillus megaterium* 的共培养体系（Ds-Bm）以及 *Chlorella vulgaris* 和 *Staphylococcus sciuri* 的共培养体系（Cv-Ss）处理沼液的

效果进行比较,选取 *Ds-Bm* 共培养体系作进一步条件优化。然后对 *Ds-Bm* 共培养体系处理沼液的条件(包括微藻和细菌初始接种比以及沼液中营养物质浓度)进行优化,以提高沼液中 COD、TP 和 NH_4^+-N 的去除率。之后,对影响 NH_4^+-N 去除的关键因素进行检验,以期增强藻菌共培养体系处理沼液的可控性。最后,对用于沼液处理后的 *Ds-Bm* 共培养体系的脂质含量及脂肪酸组成进行测定,评价该体系在生物燃料生产中的潜在应用。

3. 探讨沼液处理过程中藻菌互作机制。首先分析 *Ds-Bm* 共培养体系在处理不同 C/N 沼液时,*B. megaterium* 对 *Desmodesmus* sp. 生长、脂质积累和污染物去除效果的影响。之后分别检测不同培养条件下 *Desmodesmus* sp. 和 *B. megaterium* 体内的差异表达基因(differentially expressed genes,DEGs),从转录组学角度分析在处理不同 C/N 沼液过程中,*Desmodesmus* sp. 和 *B. megaterium* 的相互作用机制,以及 C/N 对藻菌互作去除 NH_4^+-N 及脂质积累的调控机制,以期揭示微藻与细菌在沼液处理过程中的互作机制。

4. 利用两种不同结构的光生物反应器规模化处理沼液。首先选用廉价且来源广泛的松木屑和废棉布作为藻菌固定化载体,并对其条件进行优化,之后将优化得到的两种固定化藻菌体系分别在两种不同结构的光生物反应器中放大应用,评估其规模化处理沼液的能力。以期基于废物资源化利用的基础上,实现规模化处理沼液的同时,收获藻菌生物质。

1.6.2 研究目的及意义

如何利用微藻和细菌高效处理沼液并且明确藻菌联合去除污染物的机制,仍是目前亟待解决的问题。本书研究旨在构建高度稳定的藻菌共培养体系处理沼液,并且明确沼液处理过程中微藻和细菌的互作机制,进一步开发基于固定化技术的藻菌生物膜反应器规模化处理沼液,实现沼液处理与生物质资源化利用的双赢。以期在分子水平上阐明微藻和细菌在处理沼液过程中的密切关系,为揭示藻菌互作机制提供理论支持;并且基于废物资源化利用的基础上,实现规模化处理沼液的同时收获藻菌生物质,为未来评估其他载体生物膜反应器处理沼液提供基础数据。

1.6.3 技术路线

本书研究技术路线如图 1-4 所示。

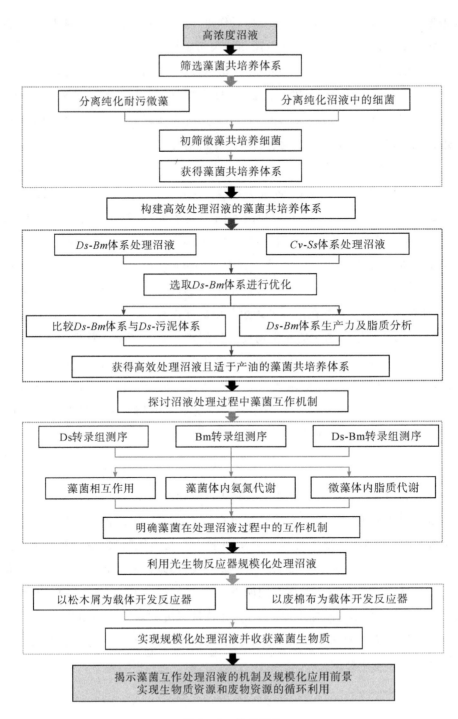

图 1-4 技术路线

第 2 章

藻菌共培养体系的筛选

2.1 引言

在自然界中,微藻和细菌可以共同生长,形成藻菌共生体系。在该体系中,微藻可以为细菌的生长提供 O_2 和营养成分,同时细菌可以为微藻的生长提供 CO_2 和生长因子,并利用微藻分泌的 EPS 等。目前,藻菌共培养体系的部分研究集中在通过构建一个微藻-细菌体系用于促进微藻的生长。Bashan 等人将 *Chlorella vulgaris* 和 *Azospirillum brasilense* 共同培养,发现细菌能够产生激素促进微藻的生长[179]。Abed 等人将 *Synechocystis* PCC6803 和 *Pseudomonas* 共同培养,发现细菌使得微藻生物量提高了 8 倍[180]。Mouget 等人将 *Scenedesmus bicellularis* 和 *Chlorella* sp. 分别与两株假单胞菌(*Pseudomonas diminuta* 和 *Pseudomonas vesicularis*)共同培养,发现两株细菌对两株微藻的生长均有促进作用[181]。对于利用藻菌共培养体系处理废水来说,藻种和菌种的选择尤为关键。不同种类的微藻处理不同性质废水的能力不同,因此需要筛选在废水中生物量高且污染物去除能力强的藻种。已有研究表明,普通小球藻 *Chlorella vulgaris*、蛋白核小球藻 *Chlorella pyrenoidosa* 和链带藻 *Desmodesmus* sp.具有较强的抗污染能力和良好的去除污染物效果[182-185]。1.4.1 中详细介绍了微藻的共生菌与微藻联合作用能够提高废水处理效率,本书研究以处理猪场沼液为前提,因此从猪场沼液中筛选能够与耐污微藻互利共生的细菌最为关键。目前构建的藻菌共培养体系,多是基于双方无害的基础上的。本章的研究目的是构建一个能够在沼液中生存的更加紧密的藻菌共培养体系,混合体系中的微藻和细菌存在互利共生关系,双方中的任何一方都会对另一方的生长产生有益作用,提高共培养体系对污染物的去除能力。

2.2　试验材料与仪器

2.2.1　仪器

本试验所用主要仪器有恒温振荡培养箱、紫外可见分光光度计、生物显微镜、冷冻离心机和电泳仪等。

2.2.2　藻种

本试验使用藻种及来源分别为:普通小球藻 Chlorella vulgaris(FACHB-1072)、蛋白核小球藻 Chlorella pyrenoidosa（FACHB-10）和链带藻 Desmodesmus sp.(FACHB-2919)(由中国科学院武汉水生所淡水藻种库购买,后由海洋微藻生物实验室分离纯化备用);链带藻 Desmodesmus sp. G41-M(由海洋微藻生物技术实验室从新疆内河水样中分离得到,是一株高生物量以及高产脂量的突变藻株)。

2.2.3　沼液

本书研究使用的沼液取自山东省烟台市某养猪场。

2.2.4　培养基

2.2.4.1　微藻培养基

本试验使用BG11培养基培养微藻,具体配方如表2-1所示。

表 2-1　BG11 培养基配方

编号	试剂名称	50 mL 母液中试剂的添加量	1 L 培养基中母液的添加量
1	K_2HPO_4	2.000 g	1.0 mL
2	$MgSO_4 \cdot 7H_2O$	1.875 g	2.0 mL
3	$C_6H_8O_7 \cdot H_2O$	0.330 g	1.0 mL
	柠檬酸铁铵	0.300 g	
	$Na_2 \cdot EDTA$	0.050 g	
4	Na_2CO_3	1.000 g	1.0 mL
5	$CaCl_2 \cdot 2H_2O$	1.800 g	1.0 mL
6	H_3BO_3	0.286 g	0.5 mL
	$MnCl_2 \cdot 4H_2O$	0.181 g	
	$ZnSO_4 \cdot 7H_2O$	0.022 g	
	$CuSO_4 \cdot 5H_2O$	0.008 g	
	$Co(NO_3)_2 \cdot 6H_2O$	0.005 g	
7	$Na_2MoO_4 \cdot 2H_2O$	0.039 g	0.5 mL
8	$NaNO_3$	单独称取直接加入培养基中	1.5 g

2.2.4.2　细菌培养基

本试验使用 LB 培养基培养细菌,具体配方如表 2-2 所示。

表 2-2　LB 培养基配方

编号	试剂	1 L 培养基中试剂的添加量
1	蛋白胨	10 g
2	酵母提取物	5 g
3	NaCl	10 g

2.3　试验方法

2.3.1　微藻的分离纯化

首先,向 BG11 液体培养基中添加抗生素及 1.6% 的琼脂制备 BG11 固体培养基
(含有青霉素、卡那霉素、庆大霉素和链霉素,各种抗生素终浓度均为 25 U/mL)。然

后,采用先稀释涂布再划线分离的方法对微藻进行分离纯化。利用无菌水将微藻培养液稀释到一定浓度($10^3 \sim 10^5$ cells/mL),取 100 μL 稀释液涂布到 BG11 固体培养基中。培养 4~6 d 后,挑取微藻单藻落进行平板划线分离,分离 3~4 代后可获得纯藻单藻落。最后,将长有单藻落的 BG11 固体培养基置于 4 ℃冰箱保存,备用。微藻的培养条件如下:温度为 25±2 ℃,光照强度为 45 μmol/(m^2·s),光/暗周期为 14 h/10 h,每天振摇 3 次以便混匀藻液。

2.3.2 微藻生长的测定

分别从 BG11 固体培养基中挑取 4 种微藻的单藻落,接种于 BG11 液体培养基中培养 11 d 左右,培养条件同 2.3.1。

2.3.2.1 微藻细胞密度的测定

从接种微藻后的第 2 天开始,每天收集部分藻液测定微藻细胞密度。采用细胞计数法确定细胞密度,利用血球计数板和光学显微镜进行细胞计数。同时每天测定藻液在 750 nm 处的吸光度(OD_{750})。

2.3.2.2 微藻细胞干重的测定

收集一定体积的微藻培养液,12 000 r/min 离心 30 min,弃掉上清液。用去离子水重悬微藻细胞,12 000 r/min 离心 30 min,弃掉上清液。重复以上步骤 3 次。将收集的微藻沉淀物置于真空冷冻干燥机中 24~48 h,干燥至恒重。用差量法计算所得微藻干重(g/L)。

2.3.2.3 微藻细胞叶绿素含量的测定

取 4 mL 微藻培养液置于 10 mL 离心管中,8 000 r/min 离心 10 min,弃掉上清液。加入 4 mL 甲醇,使用漩涡振荡器充分混匀,用纸包裹避光,置于 4 ℃冰箱静置 24 h。8 000 r/min 离心 10 min,收集上清液。以甲醇为空白对照,检测上清液在 653 nm 和 666 nm 处的吸光度(OD_{653} 和 OD_{666})。通过以下公式,计算得出样品中叶绿素的含量(Chla+b,mg/L)[186]:

$$\text{Chla+b} = (15.56 \times OD_{666} - 7.34 \times OD_{653}) + (27.05 \times OD_{653} - 11.21 \times OD_{666})$$

$$(2-1)$$

2.3.3 细菌的分离纯化

向猪场沼液中添加 1.6%的琼脂,灭菌后制成沼液固体培养基。同时,以同样方法制备 LB 固体培养基。猪场沼液用无菌水以 1:10 的比例逐级稀释,取

100 μL 稀释到 $10^4 \sim 10^{-6}$ 的稀释液,分别涂布至 LB 固体培养基和沼液固体培养基中,以筛选其中可培养的细菌。将上述固体培养基置于 37 ℃培养箱中培养 1~2 d,挑选不同形态的单菌落至新的固体培养基中,采用划线法进行分离纯化,直到筛选到单菌株。

2.3.4 微藻共培养细菌的初筛与鉴定

为了快速得到对微藻生长有促进作用的细菌,首先对 2.3.3 中分离纯化得到的细菌进行一次初筛。能够利用微藻分泌物进行生长的细菌,被认为具有与微藻共同生长的潜力。首先将微藻培养至对数生长期,收集一定体积的微藻培养液,8 000 r/min 离心 10 min,收集上清液。将得到的上清液经过 0.22 μm 的无菌滤膜过滤,备用。上述步骤得到的上清液中包含了微藻分泌的代谢物,用这些上清液培养 2.3.3 中分离纯化得到的细菌,同时,用 BG11 液体培养基培养上述细菌作为对照,培养 48 h 左右。由于 BG11 液体培养基中不含有机碳源,所以细菌不能在其中生长。而微藻上清液中含有有机碳源,如果细菌可以利用这些碳源,生物量就会增长。以此来初筛可能与微藻共同培养的细菌。

为了鉴定上述初筛得到的细菌,将不同细菌的单菌落接种至 LB 液体培养基中,置于 37 ℃摇床培养,转速为 150 r/min,1~2 d 后,10 000g 离心 5 min,弃掉上清液,收集菌体。首先,利用 Sangon Biotech DNA 提取试剂盒分别提取上述细菌的总 DNA,并利用 1‰琼脂糖凝胶电泳检测所提取 DNA 的分子质量;然后,以提取到的 DNA 片段为模板,对 16S rDNA 片段进行聚合酶链式反应(polymerase chain reaction,PCR),并利用 1‰琼脂糖凝胶电泳检测 PCR 产物。

PCR 的体系组成如表 2-3 所示。

表 2-3 PCR 反应体系

编号	试剂	含量
1	2×Taq Plus PCR Master Mix	12.5 μL
2	引物 27F(5' - AGAGTTTGATCCTGGCTCAG - 3')	1.0 μL
3	引物 1492R(5' - GGTTACCTTGTTACGACTT - 3')	1.0 μL
4	模板 DNA	2.0 μL
5	ddH₂O	加至 25.0 μL

PCR 的条件如下:首先,94 ℃预变性 5 min。然后,94 ℃变性 1 min,57℃退火 1 min,72℃延伸 2 min,进行 25 个循环。最后,72 ℃再延伸 10 min。

将 PCR 产物送至生工生物工程(上海)股份有限公司测序,将所得序列在 NCBI 网站上进行 BLAST 比对(https://blast.ncbi.nlm.nih.gov/blast.cgi),获取与其相似性最高的序列,从而判断序列来源。

2.3.5 细菌生长的测定

分别从 LB 固体培养基中挑取上述细菌的单菌落接种于 LB 液体培养基中,置于 37℃摇床培养,转速为 150 r/min。在细菌生长的 24 h 过程中,每 4 h 进行一次取样,分别取 100 μL 稀释到 $10^{-3} \sim 10^{-5}$ 的稀释液涂布至 LB 固体培养基中,将上述固体培养基置于 37 ℃培养箱中培养,12 h 后进行菌落计数。同时以 LB 液体培养基为空白对照,每 4 h 对上述稀释梯度的菌液在 600 nm 处的吸光度(OD_{600})进行一次测定。最后,以细菌数量和相对应的 OD_{600} 值分别绘制不同细菌的生长曲线。

2.3.6 藻菌共培养体系构建的试验设置

将微藻及经微藻培养液的上清液初筛到的几株细菌分别用 BG11 液体培养基和 LB 液体培养基培养至对数生长期,然后将微藻(3×10^5 cells/mL)和细菌(1×10^5 cells/mL)共同接种至含 50 mL BG11 液体培养基的 100 mL 锥形瓶中。同时,单独接种微藻(3×10^5 cells/mL)作为对照组。培养 10 d 左右,培养条件同 2.3.1。每种藻菌组合及对照组均设置 3 个平行。每天收集样品,监测以下指标:微藻细胞密度和细菌细胞密度。

2.3.7 试验结果的统计分析

试验结果以平均数±标准差表示。使用 JMP 13.2.0 软件对试验数据进行统计学分析。$p<0.05$ 代表差异显著,$p<0.01$ 代表差异极其显著。

2.4 试验结果与讨论

2.4.1 微藻的生长

微藻 *C. vulgaris*、*C. pyrenoidos*、*Desmodesmus* sp. 和 *Desmodesmus* sp. G41-M 的生长情况如图 2-1 所示。随着培养时间的延长,4 株微藻均呈现良好的生长趋势。各种微藻在第 6 天均能够进入对数生长期,且在第 10 天细胞的数量达到 $10^6 \sim 10^7$ cells/mL,叶绿素的含量达到 $3 \sim 4$ mg/L。

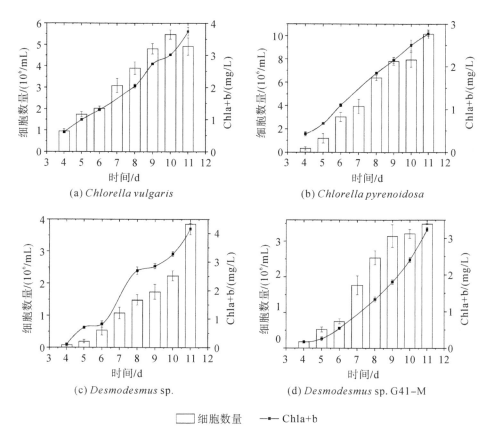

图 2-1   微藻的细胞数量和叶绿素含量(Chla＋b)随时间的变化

2.4.2   可利用微藻代谢物的细菌的筛选

在微藻-细菌共培养体系中,微藻通常为细菌生长提供有机营养物质,这是维持共培养体系稳定的前提条件之一。因此,首先对从沼液中分离出的细菌在不同微藻培养液的上清液中的生长能力进行筛选。微藻培养液的上清液中含有有机碳源,可用于细菌生长,而 BG11 液体培养基中不含有机碳源,不能支持细菌生长。结果如图 2-2 和表 2-4 所示,共有 5 种细菌在微藻培养液的上清液中有细胞增殖现象(细菌的序列比对结果见表 2-5)。其中,2 株细菌(*S. sciuri* 和 *K. gibsonii*)能在 *C. vulgaris* 培养液的上清液中生长,2 株细菌(*K. gibsonii* 和 *R.* MN13)能在 *C. pyrenoidosa* 培养液的上清液中生长,3 株细菌(*S. sciuri*、*S. saprophyticus* 和 *B. megaterium*)能在 *Desmodesmus* sp. 培养液的上清液中生长,3 株细菌(*S. sciuri*、*K. gibsonii* 和 *R.* MN13)能在

Desmodesmus sp. G41 - M 培养液的上清液中生长。以上结果表明这些细菌可以直接利用不同微藻的分泌物供自身生长,并且不同细菌对微藻的分泌物具有种特异性的偏好。因此,在后续试验中,将上述细菌分别与其对应的微藻共同培养,以筛选能够互利共生的稳定的藻菌共培养体系。

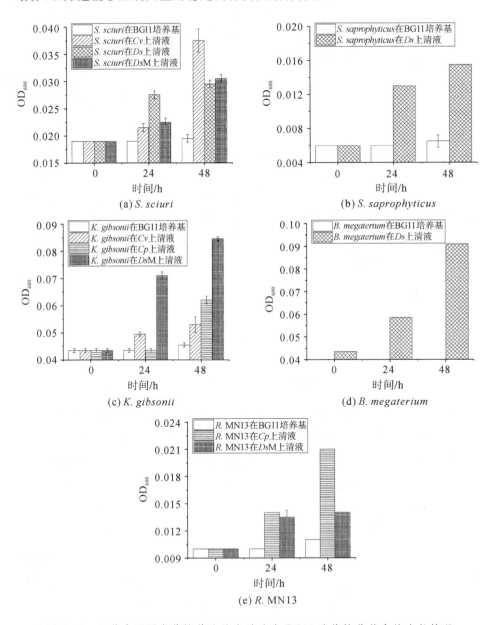

图 2 - 2 细菌在不同微藻培养液的上清液和 BG11 液体培养基中的生长情况

表 2-4　细菌在微藻培养液的上清液中的生长情况

细菌/微藻	C. vulgaris	C. pyrenoidosa	Desmodesmus sp.	Desmodesmus sp. G41-M
S. sciuri	＋	－	＋	＋
S. saprophyticus	－	－	＋	－
K. gibsonii	＋	＋	－	＋
B. megaterium	－	－	＋	－
R. MN13	－	＋	－	＋

注:"＋"表示细菌能在微藻上清液中繁殖;"－"表示细菌不能在微藻上清液中繁殖。

表 2-5　细菌的序列比对

具有最高序列同源性的生物	缩写	GeneBank 登录号	序列一致性
Staphylococcus sciuri	S. sciuri	MG706002.1	99.86％
Staphylococcus saprophyticus	S. saprophyticus	MH396770.1	99.73％
Kurthia gibsonii	K. gibsonii	EU881980.1	99.65％
Bacillus megaterium	B. megaterium	MF431758.1	99.93％
Rhizobium sp. MN13	R. MN13	JN082742.1	99.42％

2.4.3　细菌的生长

　　细菌 S. sciuri、S. saprophyticus、K. gibsonii、B. megaterium 和 R. MN13 的生长情况如图 2-3 所示。随着培养时间的延长,5 株细菌均呈现良好的生长趋势。各种细菌在第 8～12 小时均能够进入对数生长期,而在第 20 小时逐渐进入稳定期或衰亡期。

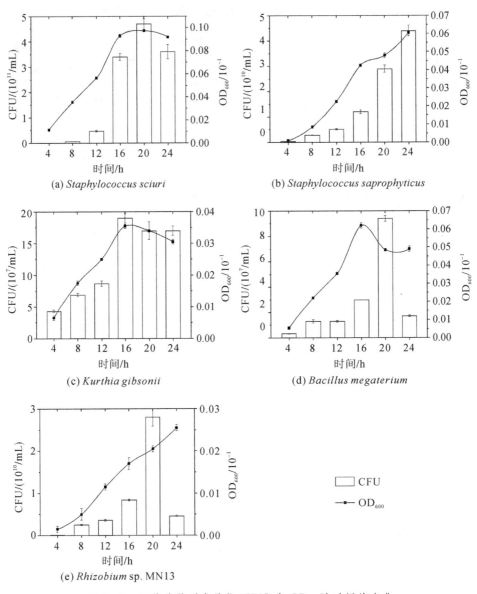

(a) *Staphylococcus sciuri*

(b) *Staphylococcus saprophyticus*

(c) *Kurthia gibsonii*

(d) *Bacillus megaterium*

(e) *Rhizobium* sp. MN13

图 2-3　细菌菌落形成单位(CFU)和 OD$_{600}$随时间的变化

2.4.4　共培养体系中微藻和细菌的生长

将 2.4.2 中筛选到的细菌分别与其对应的微藻共同培养,考察体系中微藻与细菌的生长情况,结果如图 2-4 所示。当 *B. megaterium* 与 *Desmodesmus* sp. 共培养时,藻和细菌的细胞密度均随时间延长而增加[图 2-4(e)(f)],说明

B. megaterium 与 *Desmodesmus* sp. 是互利共生的。与 *B. megaterium* 共培养 1 周，*Desmodesmus* sp. 细胞密度提高了 57%，而其他几种细菌并未提高 *Desmodesmus* sp. 细胞密度，*S. saprophyticus* 甚至抑制 *Desmodesmus* sp. 生长。在 *S. sciuri* 和 *C. vulgaris* 共培养体系中，也观察到藻菌互利共生的现象[图 2 - 4(a)(b)]，说明 *B. megaterium* 和 *Desmodesmus* sp. 及 *S. sciuri* 和 *C. vulgaris* 可以建立互利共生关系。*K. gibsonii* 抑制 *C. vulgaris* 和 *Desmodesmus* sp. G41 - M 生长[图 2 - 4(a)(g)]，但与 *C. pyrenoidosa* 共培养 8 d 后，*K. gibsonii* 稍微促进 *C. pyrenoidosa* 生长[图 2 - 4(c)]。在三种共培养体系中，*K. gibsonii* 在培养初期(2~4 d)繁殖迅速，但随后衰退[图 2 - 4(b)(d)(h)]，说明 *K. gibsonii* 与上述微藻不能建立良好的关系。*R.* MN13 呈现相似的生长趋势[图 2 - 4(d)(h)]。共培养体系中 *C. pyrenoidosa* 细胞密度在第 8 天突然增加[图 2 - 4(c)]伴随着 *K. gibsonii* 和 *R.* MN13 细胞密度降低[图 2 - 4(d)]，表明细菌抑制微藻生长可能是细菌与微藻争夺营养物质所致[187]。同一株细菌对不同微藻生长的影响不同。*S. sciuri* 抑制 *Desmodesmus* sp. G41 - M 生长，但能促进 *C. vulgaris* 生长[图 2 - 4(a)(g)]；*R.* MN13 抑制 *C. pyrenoidosa* 生长，但能促进 *Desmodesmus* sp. G41 - M 生长[图 2 - 4(c)(g)]。这是由于细菌和微藻之间的关系受化学因素(如信号分子)和物理因素(是否附着)等调控，因此它们之间存在不同的生态关系[188]。虽然 *R.* MN13 促进了 *Desmodesmus* sp. G41 - M 生长，但其与寄主的偏害共生关系不利于形成稳定的共培养体系[图 2 - 4(g)(h)]。互利共生的微藻和细菌之间更有利于形成稳定的藻菌共培养体系[189-190]。

自然界中，微生物不是孤立存在的，而是形成复杂的生态相互作用网。这些生态网络中的相互作用可以对相关物种产生积极的影响、消极的影响或没有影响。两个交互物种之间可能的赢、输和中立结果的组合允许对各种交互类型进行分类[83]。本书研究中微藻与细菌的生态关系如表 2 - 6 所示。本书研究发现 *Desmodesmus* sp. 和 *B. megaterium* 之间以及 *C. vulgaris* 和 *S. sciuri* 之间存在互利共生关系，因此分别构建 Ds-Bm 共培养体系以及 Cv-Ss 共培养体系用于后续研究。*B. megaterium* 是革兰氏阳性好氧细菌，属于氨化细菌[191]。*S. sciuri* 同样是革兰氏阳性好氧细菌，能固定氮[192]。有研究表明，*Bacillus* 能调节水产养殖水质[193]。然而，尚未见关于 *B. megaterium* 或 *S. sciuri* 与微藻结合处理废水的报道。

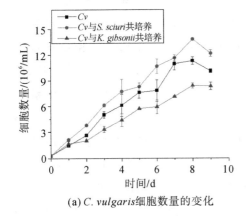

(a) *C. vulgaris*细胞数量的变化

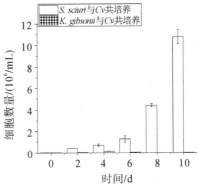

(b) 与*C. vulgaris*共培养的细菌菌落
形成单位（CFU）的变化

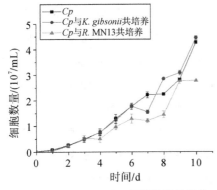

(c) *C. pyrenoidosa*细胞数量的变化

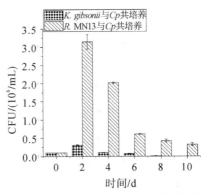

(d) 与*C. pyrenoidosa*共培养的细菌
菌落形成单位（CFU）的变化

图 2-4　不同共培养条件下

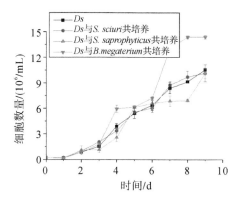

(e) *Desmodesmus* sp.细胞数量的变化

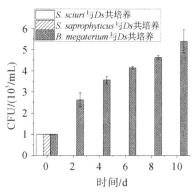

(f) 与*Desmodesmus* sp.共培养的细菌
菌落形成单位（CFU）的变化

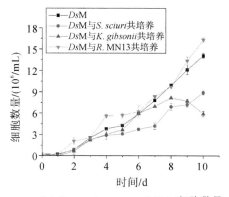

(g) *Desmodesmus* sp. G41-M细胞数量
的变化

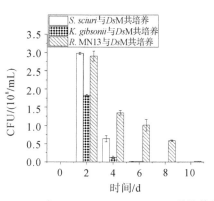

(h) 与*Desmodesmus* sp. G41-M共培养的
细菌菌落形成单位（CFU）的变化

微 藻 和 细 菌 的 生 长 情 况

表 2-6　微藻与细菌的生态关系

细菌/微藻	*C. vulgaris*	*C. pyrenoidosa*	*Desmodesmus* sp.	*Desmodesmus* sp. G41-M
S. sciuri	互利共生	—	偏害共生	竞争
S. saprophyticus	—	—	竞争	—
K. gibsonii	竞争	偏害共生	—	竞争
B. megaterium	—	—	互利共生	—
R. MN13	—	竞争	—	偏害共生

2.5　小结

本章首先从猪场沼液中分离可培养的细菌;然后利用不同微藻培养液的上清液对分离到的细菌进行初筛,以获得能够利用微藻代谢物的细菌;最后将各株细菌和其对应的微藻共同培养,以获得能够互利共生的藻菌共培养体系。主要结论如下:

1.得到 5 株能够利用不同微藻代谢物供自身生长的细菌。其中,2 株细菌(*S. sciuri* 和 *K. gibsonii*)能够利用 *C. vulgaris* 的代谢物进行生长,2 株细菌(*K. gibsonii* 和 *R. MN13*)能够利用 *C. pyrenoidosa* 的代谢物进行生长,3 株细菌(*S. sciuri*、*S. saprophyticus* 和 *B. megaterium*)能够利用 *Desmodesmus* sp. 的代谢物进行生长,3 株细菌(*S. sciuri*、*K. gibsonii* 和 *R. MN13*)能够利用 *Desmodesmus* sp. G41-M 的代谢物进行生长。

2.得到 2 个能够互利共生的微藻-细菌共培养体系。分别为 *Desmodesmus* sp. 和 *B. megaterium* 共培养体系(Ds-Bm)及 *C. vulgaris* 和 *S. sciuri* 共培养体系(Cv-Ss)。

第 3 章
高效处理人工沼液的藻菌共培养体系的构建

3.1 引言

近年来,微藻成为废水处理和生物质能源生产关注的焦点。将微藻培养与沼液处理相结合,能够在实现沼液循环利用的同时,降低微藻培养成本,生产高附加值生物质产品[194]。但目前研究主要集中于对低浓度废水进行处理(如城市废水处理厂二级出水[195]和生活废水[196]),而较少利用微藻直接处理沼液等高浓度废水。因为沼液中污染物浓度过高,尤其是 $NH_4^+ - N$,每升猪场沼液中 $NH_4^+ - N$ 含量可达几百甚至上千毫克[197]。$NH_4^+ - N$ 浓度过高会引起游离 NH_3 增多,对微藻有毒性,抑制其生长进而影响废水处理效率。此外在培养过程中,微藻不断地将可溶性微藻产物(soluble algae products,SAP)释放到培养基中,其中包括碳水化合物、氨基酸、蛋白质、脂类和有机酸/碱等各种成分[198],而 SAP 会对微藻自身的生长产生负面影响并降低生物质产量[199-200]。沼液中的高负荷可能导致更高的 SAP 等,从而对微藻造成更强的抑制作用。目前许多研究采取稀释沼液的方法来降低高浓度污染物对微藻的抑制作用[59,201-202],虽然稀释能够降低沼液中污染物的含量,但是该方法需要消耗大量水资源,增加处理成本并造成资源浪费。随着微藻和细菌相互作用研究的开展,利用藻菌共培养体系处理沼液受到越来越多的关注。目前部分研究聚焦在微藻-活性污泥共培养体系上[203-205]。然而活性污泥成分复杂,处理效果不稳定,难以进行人工调控，在实际应用中受到限制[206]。虽然目前认为藻菌共培养体系相比于微藻体系在废水处理方面有较大优势，但正如1.4.2.2中所述，藻菌共培养体系处理废水的条件（如废水 C/N 比值以及藻菌接种比等）会影响体系的稳定性和污染物的去除率。因此，本章的研究目的是构建用于沼液处理且成分可控的微藻-细菌共培养体系，并优化条件以提高藻菌共培养体系处理沼液的效率及系统的稳定性；同时检测藻菌共培养体系的脂质含量及脂肪酸组成，评价其在生物燃料生产中的潜力。

3.2　试验材料与仪器

3.2.1　仪器

本试验所用主要仪器有真空冷冻干燥机、超声波细胞破碎机、数显恒温磁力搅拌器、气相色谱仪和 COD 消解器等。

3.2.2　藻种和菌种

本试验使用藻种为 *Desmodesmus* sp. 和 *C. vulgaris*，具体来源见2.2.2。本试验使用菌种为 *B. megaterium* 和 *S. sciuri*，具体来源见2.3.3。

3.2.3　沼液

由于不同批次猪场沼液的理化性质会随着环境的变化而变化，实际沼液中的物质与人工沼液不同，对共培养体系可能有正影响，也可能有负影响。为了保证研究的稳定性和可追溯性，本研究使用人工沼液。根据猪场沼液的各项污染物浓度配置沼液I，初始 COD、TN、NH_4^+-N 和 TP 浓度分别为 1 187.50 mg/L、901.50 mg/L、277.56 mg/L 和 22.40 mg/L。具体配方如下：葡萄糖 1.00 g/L，Na_2CO_3 0.10 g/L，$NaHCO_3$ 0.10 g/L，$Na_3PO_4 \cdot 12H_2O$ 0.25 g/L，尿素 0.20 g/L，$(NH_4)_2SO_4$ 1.00 g/L，KNO_3 0.20 g/L，$NaNO_2$ 0.20 g/L。

3.2.4　培养基

本试验微藻所用 BG11 培养基和细菌所用 LB 培养基见2.2.4。

3.2.5　活性污泥

本试验所用活性污泥取自南京市城东某废水处理厂。

3.3 试验方法

3.3.1 试验设置

3.3.1.1 藻菌共培养体系处理沼液

将对数生长期的 *Desmodesmus* sp. 和 *C. vulgaris* 分别接种到沼液Ⅰ中进行驯化,使其适应沼液Ⅰ的环境。为了检测不同藻菌共培养体系(*Ds-Bm* 和 *Cv-Ss*)处理沼液Ⅰ的效果,将对数生长期的微藻(3×10^5 cells/mL)和细菌(1×10^5 cells/mL)共同接种至含 200 mL 沼液Ⅰ的 500 mL 锥形瓶中。同时,单独接种微藻(3×10^5 cells/mL)作为对照组。培养 4 d 左右,培养条件同 2.3.1。每种藻菌组合及对照组均设置 3 个平行。每天收集样品,监测以下指标:沼液Ⅰ中 COD、TP 和 $NH_4^+ - N$ 的浓度。

3.3.1.2 *Ds-Bm* 共培养体系处理沼液的条件优化

为了检测不同藻菌接种比对 *Ds-Bm* 共培养体系处理沼液效果的影响,将不同密度的对数生长期的 *Desmodesmus* sp. 和 *B. megaterium* 接种于含 200 mL 沼液Ⅰ的 500 mL 锥形瓶中。*B. megaterium* 的接种密度设置为 1×10^5 cells/mL,*Desmodesmus* sp. 和 *B. megaterium* 的接种比例分别设置为 3∶1、6∶1、9∶1、12∶1 和 15∶1。培养 10 d 左右。

为了检测 C、N、P 等营养成分浓度对 *Ds-Bm* 共培养体系处理沼液效果的影响,将沼液Ⅰ进行适当稀释,降低各项污染物浓度后,补充磷源或碳源,配置三种不同营养浓度的沼液,具体参数见表 3 - 1(沼液Ⅰ、Ⅱ和Ⅲ)。将对数生长期的 *Desmodesmus* sp.(9×10^5 cells/mL)和 *B. megaterium*(1×10^5 cells/mL)共同接种至含 200 mL 不同营养浓度沼液的 500 mL 锥形瓶中。培养 10 d 左右。

为了检测影响 *Ds-Bm* 共培养体系去除 $NH_4^+ - N$ 的因素,在沼液Ⅲ的基础上加倍补充碳、氮、磷等营养成分,配置三种固定 C/N/P 但不同 $NH_4^+ - N$ 浓度的沼液,具体参数见表 3 - 1(沼液Ⅲ、2Ⅲ和 4Ⅲ)。将对数生长期的 *Desmodesmus* sp.(9×10^5 cells/mL)和 *B. megaterium*(1×10^5 cells/mL)共同接种至含 200 mL 沼液的 500 mL 锥形瓶中。培养 10 d 左右。

上述试验培养条件均同 2.3.1。每种试验组及对照组均设置 3 个平行。每天收集样品,监测以下指标:微藻细胞中叶绿素的含量,沼液中 COD、TP 和 $NH_4^+ - N$ 的浓度。

表 3－1　不同营养物质浓度的沼液

沼液	COD/(mg·L^{-1})	TN/(mg·L^{-1})	NH$_4^+$－N/(mg·L^{-1})	TP/(mg·L^{-1})	C/N/P
Ⅰ	1 187.50	901.50	277.56	22.40	106/80/2
Ⅱ	1 187.50	179.20	83.45	22.40	106/16/2
Ⅲ	1 187.50	179.20	83.45	11.20	106/16/1
2Ⅲ	2 375.00	358.40	166.90	22.40	106/16/1
4Ⅲ	4 750.00	716.80	333.80	44.80	106/16/1

3.3.1.3　藻-菌共培养体系与藻-活性污泥共培养体系的比较

藻菌共培养体系（Ds-Bm）：将对数生长期的 $Desmodesmus$ sp.（9×10^5 cells/mL）和 $B.$ $megaterium$（1×10^5 cells/mL），共同接种至含 200 mL 沼液Ⅲ的 500 mL 锥形瓶中。藻-活性污泥共培养体系（Ds-As）：将对数生长期的 $Desmodesmus$ sp.（9×10^5 cells/mL）和含有 1×10^5 cells/mL 细菌浓度的活性污泥，共同接种至含 200 mL 沼液Ⅲ的 500 mL 锥形瓶中。培养 10 d 左右，培养条件同 2.3.1。每种藻菌组合均设置 3 个平行。每天收集样品，监测以下指标：沼液Ⅲ中 COD、TP 和 NH$_4^+$－N 的浓度。

3.3.2　微藻生长的测定

测定方法同 2.3.2。

3.3.3　污染物的测定

从接种当天开始，每天从每个锥形瓶中收集 5 mL 样品，10 000g 离心 10 min，收集上清液并做适当浓度稀释，用于 COD、TN、NH$_4^+$－N 和 TP 的浓度测定。各项污染物检测方法参考《水和废水监测分析方法》[207]。污染物去除率（R_i,%）按下列公式计算[208]：

$$R_i = (S_{i,0} - S_{i,t})/S_{i,0} \tag{3－1}$$

式中，R_i——底物 i 的去除率（COD、TP、NH$_4^+$－N 或 TN），%；

$S_{i,t}$，$S_{i,0}$——i 在 t 时刻和初始时刻的浓度，mg/L。

3.3.3.1　COD 浓度检测

使用快速消解分光光度法检测样品中 COD 的浓度。具体原理是，样品中的 COD 值与 K$_2$CrO$_4$ 被还原产生的三价铬的吸光度（OD$_{600}$）的增加值成正比。

该方法对 COD 的检测范围为 15～1 000 mg/L。主要检测方法如下：

（1）试剂配制。分别配制 H_2SO_4 溶液（10%）、Ag_2SO_4-H_2SO_4 溶液（10 g/L）、$HgSO_4$ 溶液（0.24 g/mL）、K_2CrO_4 标准溶液（0.5 mol/L）、预装混合试剂（0.5 mL K_2CrO_4 标准溶液 ＋ 0.25 mL $HgSO_4$ 溶液 ＋ 3 mL Ag_2SO_4-H_2SO_4 溶液）、$C_8H_5KO_4$ 标准贮备液（COD 值为 5 000 mg/L）、$C_8H_5KO_4$ 标准系列使用液（COD 值分别为 100、200、400、600、800 和 1 000 mg/L）。

（2）标准曲线。将 COD 消解器预热至 165±2 ℃；取几支预装混合试剂，充分摇匀后，打开盖子；沿着管壁缓慢加入 1.5 mL $C_8H_5KO_4$ 标准系列贮备液，拧紧盖子并上下颠倒几次，充分混匀；将消解管放入 COD 消解器中，待温度重新升至 165±2 ℃，开始计时，加热 15 min；消解结束后，待冷却至 60 ℃，上下颠倒几次，充分混匀；待冷却至室温，以水为参比液，检测 OD_{600}。COD 标准系列使用液的 COD 值对应着其 OD_{600} 减掉空白试验 OD_{600} 的差值，绘制标准曲线［图 3-1(a)］。

（3）样品检测。取 1.5 mL 适当浓度稀释的样品，按上述步骤检测 OD_{600}。

（4）空白试验。取 1.5 mL 水代替样品，按上述步骤检测 OD_{600}。空白试验需与样品同时检测。

3.3.3.2 TN 浓度检测

使用碱性过硫酸钾消解紫外分光光度法检测样品中 TN 的浓度。具体原理是，碱性过硫酸钾将样品中的 N 转化为 NO_3^-，TN 含量与校正吸光度（OD_{220} 减去 OD_{275}）成正比。该方法对 TN 的检测范围为 0.2～7 mg/L。主要检测方法如下：

（1）试剂配制：分别配制 HCl 溶液（10%）、碱性过硫酸钾溶液、KNO_3 标准贮备液（100 mg/L）、KNO_3 标准使用液（10 mg/L）。

（2）标准曲线：分别量取 0、0.2、0.5、1、3 和 7 mL KNO_3 标准使用液于 25 mL 具塞磨口玻璃试管中，加水稀释至 10 mL；再加入 5 mL 碱性过硫酸钾溶液，盖紧盖子；置于灭菌锅中，121 ℃，30 min；待冷却至室温，上下颠倒 2～3 次，充分混匀；再加入 1 mL HCl 溶液，加水稀释至 25 mL，充分混匀；以水为参比液，检测 OD_{220} 和 OD_{275}。以 TN 含量为横坐标，对应的 OD_r 值为纵坐标（OD_r 值为标准溶液校正吸光度与零浓度溶液校正吸光度的差值），绘制标准曲线［图 3-1(b)］。

（3）样品检测：取 10 mL 适当浓度稀释的样品，按上述步骤检测 OD_{220}

和 OD$_{275}$。

(4)空白试验:取 10 mL 水代替样品,按上述步骤检测 OD$_{220}$ 和 OD$_{275}$。空白试验需与样品同时检测。

3.3.3.3 NH$_4^+$-N 浓度检测

使用纳氏试剂分光光度法检测样品中 NH$_4^+$-N 的浓度。具体原理是,样品中的 NH$_4^+$-N 与纳氏试剂反应生成淡红棕色络合物,其吸光度(OD$_{420}$)与 NH$_4^+$-N 含量成正比。该方法对 NH$_4^+$-N 的检测范围为 0.1~2 mg/L。主要检测方法如下:

(1)试剂配制:分别配制酒石酸钾钠溶液(500 g/L)、NH$_4^+$-N 标准贮备液(1 000 μg/mL)、NH$_4^+$-N 标准使用液(10 μg/mL)。

(2)标准曲线:分别量取 0、0.25、0.5、1、2、3、4 和 5 mL NH$_4^+$-N 标准使用液于 25 mL 具塞磨口玻璃试管中,加水稀释至 25 mL;再加入 0.5 mL 酒石酸钾钠溶液,充分混匀;再加入 0.5 mL 纳氏试剂,充分混匀;静置 10 min,以水为参比液,检测 OD$_{420}$。以空白校正后的吸光度为纵坐标,以其对应的 NH$_4^+$-N 含量为横坐标,绘制标准曲线[图 3-1(c)]。

(3)样品检测:取 25 mL 适当浓度稀释的样品,按上述步骤检测 OD$_{420}$。

(4)空白试验:取 25 mL 水代替样品,按上述步骤检测 OD$_{420}$。空白试验需与样品同时检测。

3.3.3.4 TP 浓度检测

使用钼酸铵分光光度法检测样品中 TP 的浓度。具体原理是,样品中的 P 被 K$_2$S$_2$O$_8$ 氧化成 PO$_4^{2-}$,与钼酸铵反应生成磷钼杂多酸,被抗坏血酸还原成蓝色络合物,其吸光度(OD$_{700}$)与 TP 含量成正比。该方法对 TP 的检测范围为 0.01~0.6 mg/L。主要检测方法如下:

(1)试剂配制:分别配制硫酸溶液(50%)、K$_2$S$_2$O$_8$ 溶液(50 g/L)、抗坏血酸溶液(100 g/L)、钼酸盐溶液、磷标准贮备液(50 μg/mL)、磷标准使用液(2 μg/mL)。

(2)标准曲线:分别量取 0、0.25、0.5、1.5、2.5、5 和 7.5 mL 磷标准使用液于 25 mL 具塞磨口玻璃试管中,加水稀释至 12.5 mL;再加入 2 mL K$_2$S$_2$O$_8$ 溶液,盖紧盖子;置于灭菌锅中,121 ℃,30 min;待冷却至室温,加水稀释至 25 mL;再加入 0.5 mL 抗坏血酸溶液,充分混匀;静置 30 s 后,再加入 1 mL 钼酸盐溶液,充分混匀;静置 15 min,以水为参比液,检测 OD$_{700}$。扣除空白试验的吸光度后,和对应的 TP 含量绘制标准曲线[图 3-1(d)]。

(3)样品检测:取 12.5 mL 适当浓度稀释的样品,按上述步骤检测 OD$_{700}$。

(4)空白试验:取 12.5 mL 水代替样品,按上述步骤检测 OD$_{700}$。空白试验需与样品同时检测。

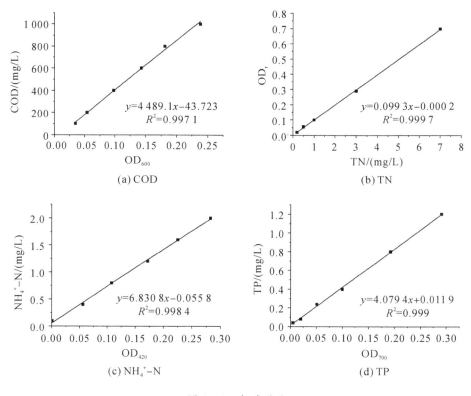

图 3-1　标准曲线

3.3.4　活性污泥中生物量的测定

采用磷脂法定量活性污泥中的活细胞数。主要检测方法如下:

(1)试剂配制:分别配制 K$_2$S$_2$O$_8$ 溶液(50 g/L)、K$_2$S$_2$O$_8$ 溶液(5%)、抗坏血酸溶液(100 g/L)、钼酸盐溶液、氯仿-甲醇-水的萃取混合液($V_{氯仿}:V_{甲醇}:V_{水}=$ 1:2:0.8)、KH$_2$PO$_4$ 标准贮备液(50 μg P/mL)、KH$_2$PO$_4$ 标准使用液(1 μg P/mL)。

(2)标准曲线:分别量取 0、0.05、0.1、0.2、0.4、0.75、1、1.5、2 mL KH$_2$PO$_4$ 标准使用液于 25 mL 具塞磨口玻璃试管中,加水稀释至 10 mL;再加入 0.2 mL

抗坏血酸溶液,充分混匀;静置 30 s 后,再加入 0.4 mL 钼酸盐溶液,充分混匀;静置 15 min,以水为参比液,检测 OD_{700}。扣除空白试验的吸光度后,和对应的磷含量(nmol/mL)绘制标准曲线(图 3-2)。

(3)样品检测:取一定体积的活性污泥置于 100 mL 具塞三角瓶中,加入19 mL氯仿-甲醇-水的萃取混合液($V_{氯仿}$:$V_{甲醇}$:$V_{水}$=1:2:0.8),剧烈振荡 10 min,静置 12 h;再加入 5 mL 氯仿和 5 mL 水,静置 12 h;取出含有脂类组分的下层氯仿相5 mL,转移至 25 mL 具塞磨口玻璃试管中,水浴蒸干;再加入 0.8 mL 5‰ $K_2S_2O_8$ 溶液,并加水稀释至 10 mL;置于灭菌锅中,121 ℃,30 min;待冷却至室温,按照制作标准曲线的方法测定磷酸盐的浓度。结果以 nmol P/mL 表示,1 nmol P 相当于大肠杆菌大小的细胞 10^8 个。

(4)空白试验:取同样体积的水代替样品,按上述步骤检测。空白试验需与样品同时检测。

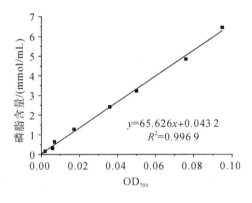

$$y=65.626x+0.043\ 2$$
$$R^2=0.996\ 9$$

图 3-2 磷脂的标准曲线

3.3.5 脂质的测定

采用氯仿-甲醇超声提取法[209]提取微藻细胞中的脂质。收集一定体积处于稳定生长期的微藻培养液,8 000 r/min 离心 10 min,弃掉上清液。加入适量蒸馏水,充分混匀,重悬藻泥,8 000 r/min 离心 10 min,弃掉上清液。重复上述步骤 3 次,以尽量去除附着在微藻上的杂质。将收集到的藻泥置于−80 ℃冷冻,待完全冻结后,置于真空冷冻干燥机中,经24～48 h 真空冷冻干燥后,将藻粉置于干燥器中保存,备用。称取 50 mg 上述藻粉于 50 mL 离心管中,加入 10 mL 氯仿-甲醇($V_{氯仿}$:$V_{甲醇}$=2:1)溶液,充分混匀。冰浴超声破碎 10 min,超声条件为 600 W、工作 10 s、间隔 15 s、超声 24 次。8 000 r/min 离心 10 min,收集上清液于事先称重的三角瓶中。重复加氯仿-甲醇溶液、超声破碎、离心、收集上清液步骤,直至溶液明显褪色,合并所有收集的上清液。置于 65 ℃ 干燥箱中烘干,称重。用差量法计算脂质质量:

$$脂质含量(\%)=(脂质质量/细胞干重)\times 100\%$$

3.3.6 脂肪酸组成及含量的测定

采用硫酸-甲醇法将微藻细胞中脂肪酸甲酯化后,利用气相色谱测定各脂肪酸组分的含量[210]。称取 25 mg 经真空冷冻干燥后的藻粉于 4 mL 气相小瓶中。加入小型磁力搅拌子,再加入 0.25 mg C17:0 脂肪酸作为内标。再加入 2 mL 含有 2% H_2SO_4 的甲醇溶液。向瓶中充满氮气,排净空气后,将小瓶置于配有 80 ℃ 水浴的磁力搅拌器上反应 1 h,以便将结合的脂肪酸充分分解下来,并甲基化。将磁力搅拌子取出后,将小瓶中的液体全部转移至 10 mL 离心管中。加入 1 mL 蒸馏水,再加入 1 mL 正己烷(色谱纯),充分振荡混匀,以便萃取脂肪酸甲酯。8 000 r/min 离心 10 min,收集上层液体,经固相萃取小柱(C18 石墨化碳柱)过滤掉叶绿素后,置于 2 mL 气相小瓶中。充氮气吹干后,置于 −20 ℃ 保存,待测。上机检测前,向样品中加入 200 μL 正己烷,充分溶解。进样量为 1 μL。色谱柱为 DB−23 毛细管柱(30 m × 0.25 mm × 0.25 μm)(安捷伦科技有限公司),色谱仪为 TRACE-GC(赛默飞世尔科技有限公司)。升温条件为初始温度 50 ℃,保持 1 min;然后以 10 ℃/min 升温至 175 ℃,保持 5 min;最后以 3 ℃/min 升温至 230 ℃。脂肪酸含量计算:首先利用脂肪酸甲酯混标标定各脂肪酸出峰的时间和顺序,然后采用面积归一法计算样品中各脂肪酸组分的含量。

3.3.7 试验结果的统计分析

试验结果的统计分析方法同 2.3.7。

3.4 试验结果与讨论

3.4.1 *Ds-Bm* 和 *Cv-Ss* 共培养体系对人工沼液中污染物的去除

分别利用 *Ds-Bm* 和 *Cv-Ss* 两种共培养体系及对应的纯藻和纯菌体系处理

沼液Ⅰ,比较不同体系对沼液Ⅰ的处理效果,结果如表3-2和图3-3、图3-4所示。*Desmodesmus* sp. 纯培养体系和 *B. megaterium* 纯培养体系均对沼液Ⅰ中的 COD 和 TP 有去除效果。将藻菌共同培养 4 d 后,*Ds-Bm* 共培养体系对 COD 和 TP 的去除率均显著提高,分别达到 77% 和 34%。相比于 *Desmodesmus* sp. 纯培养体系分别提高了 142% 和 43%,相比于 *B. megaterium* 纯培养体系分别提高了 176% 和 133% [图 3-3(a)(b)]。结果表明 *Desmodesmus* sp. 与 *B. megaterium* 协同作用处理沼液较纯培养体系具有明显优势。Su 等人的研究也得到了类似的结果,藻菌共培养体系对 COD 的去除率均高于单纯藻类体系。藻菌共培养体系中,藻类经光合作用提供的 O_2 有助于异养菌矿化,从而提高 COD 的去除率[211]。*B. megaterium* 纯培养体系处理的沼液Ⅰ中 TP 浓度先降低后增加,而 *Ds-Bm* 共培养体系处理的沼液Ⅰ中 TP 浓度持续降低[图 3-3(b)],这种不同可能是由细菌的内源性呼吸释放磷酸盐引起的,在共培养体系中磷酸盐又被微藻重复利用[212]。*Desmodesmus* sp. 纯培养体系能够去除沼液Ⅰ中少量的 NH_4^+-N,处理 4 d 后,去除率仅为 8%,而 *B. megaterium* 纯培养体系和 *Ds-Bm* 共培养体系处理的沼液Ⅰ中 NH_4^+-N 浓度均随培养时间的延长而逐渐升高[图 3-3(c)],说明 *B. megaterium* 可能分泌 NH_4^+-N。本研究使用的沼液Ⅰ中尿素含量高达 200 mg/L。Dhami 等人研究发现 *B. megaterium* 是高活性尿素分解菌,其产生的脲酶活性高达 690 U/mL,可促进尿素水解生成 NH_4^+-N[213]。何霞等人得到类似的研究结果,利用 *Bacillus* sp. 处理含有有机氮的废水时,NH_4^+-N 含量不降反升[214]。

表 3-2　不同培养体系对沼液Ⅰ中各种污染物的去除率(4 d)

培养体系	COD 去除率	TP 去除率	NH_4^+-N 去除率
Ds	31.88% ± 7.67%	24.08% ± 0.06%	8.16% ± 1.75%
Bm	27.98% ± 6.27%	14.74% ± 4.42%	—
Ds-Bm	77.12% ± 2.14%	34.40% ± 1.90%	—
Cv	40.07% ± 3.91%	24.57% ± 0.75%	14.34% ± 0.00%
Ss	—	—	—
Cv-Ss	38.94% ± 0.53%	29.04% ± 1.77%	22.01% ± 1.02%

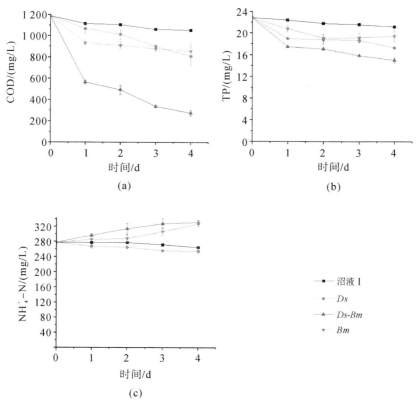

图 3 - 3 *Desmodesmus* sp. 培养体系处理沼液 I 过程中
COD、TP 和 NH₄⁺- N 浓度的变化

    C. vulgaris 纯培养体系对沼液I中的 COD、TP 和 NH₄⁺ - N 均有去除效果，处理 4 d 后，去除率分别为 40%、25% 和 14%，而 *S. sciuri* 纯培养体系不能有效去除上述营养物质（图 3 - 4）。但是两者共同培养后，*Cv-Ss* 共培养体系对沼液I中的 TP 和 NH₄⁺ - N 的去除率较 *C. vulgaris* 纯培养体系分别提高了 18% 和 53%［图 3 - 4(b)(c)］，而对 COD 的去除率较 *C. vulgaris* 纯培养体系稍有降低［图 3 - 4(a)］。*S. sciuri* 纯培养体系处理的沼液I中的 COD 浓度在 24 h 内快速下降，但是 24 h 之后，COD 浓度不断升高，最终达到沼液I初始的 COD 浓度［图 3 - 4(a)］。这种反转可能由于 *S. sciuri* 纯培养体系处理的沼液I中的有机化合物通过细菌生长自然排出或者通过胞溶作用释放出来[215]。而 *C. vulgaris* 纯培养体系和 *Cv-Ss* 共培养体系处理的沼液I中的 COD 浓度持续降低，最终浓度差不多。因此，*Cv-Ss* 共培养体系对沼液I中 COD 的处理完全依靠 *C. vulgaris*。

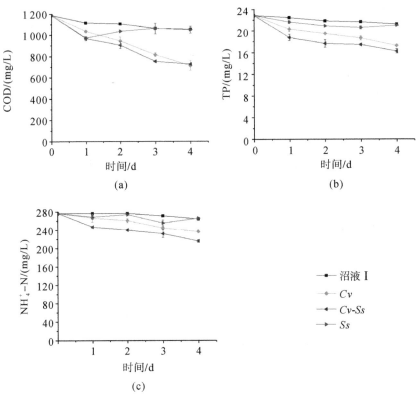

图 3-4 *C. vulgaris* 培养体系处理沼液I过程中 COD、TP 和 NH$_4^+$-N 浓度的变化

Cv-Ss 共培养体系较 *C. vulgaris* 纯培养体系提高了 TP 和 NH$_4^+$-N 的去除率(分别提高了 18% 和 53%),但是由于 *S. sciuri* 分泌有机化合物导致*Cv-Ss*共培养体系处理的沼液I中的 COD 浓度较 *C. vulgaris* 纯培养体系提高。相比而言,*Ds-Bm*共培养体系去除 COD 效果显著,处理后的 COD 符合《畜禽养殖业污染物排放标准》(GB 18596—2001)要求,并且*Ds-Bm*共培养体系较 *Desmodesmus* sp. 纯培养体系对 TP 和 COD 的去除率分别提高了 43% 和 142%,但是由于 *B. megaterium* 分泌 NH$_4^+$-N 导致 *Ds-Bm* 共培养体系处理后的沼液中的 NH$_4^+$-N 浓度高于初始沼液。以上结果表明,藻菌共培养体系处理沼液的效果优于微藻纯培养体系和细菌纯培养体系。一方面,好氧细菌可以降解有机物;另一方面,微藻可以吸收无机氮和磷进行自养生长。因此,利用微藻与细菌的协同作用来处理沼液是一种有效的方法。比较 *Ds-Bm* 共培养体系和 *Cv-Ss* 共培养体系对沼液的处理效果,同时比较各共培养体系相比于其对应的纯微藻体系对沼液的处理效果,

发现 *Ds-Bm* 共培养体系处理 COD 和 TP 优势明显,且相比于纯微藻体系,对污染物去除率提高比例较大。因此,选取 *Ds-Bm* 共培养体系进行培养条件优化(藻菌接种比和营养配比等),以改善对 NH_4^+-N 的去除。

3.4.2 *Ds-Bm* 共培养体系处理人工沼液的条件优化

3.4.2.1 藻菌接种比优化

自然界中,微藻和细菌之间存在复杂的相互作用[216],在营养物质确定的情况下,微藻和细菌生物量的比例将影响它们对营养物质的利用,进而影响群落结构组成和废水处理效果[211]。本研究利用 *Ds-Bm* 共培养体系处理沼液Ⅰ,对共培养体系中的藻菌接种比进行优化,探讨不同藻菌接种比对沼液处理效果的影响,结果如图 3-5 所示。

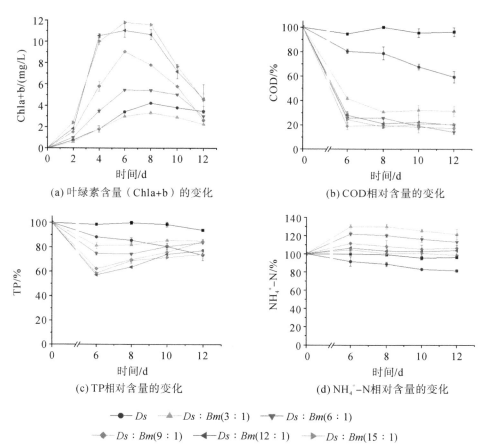

(a) 叶绿素含量(Chla+b)的变化

(b) COD相对含量的变化

(c) TP相对含量的变化

(d) NH_4^+-N相对含量的变化

$\longrightarrow$ *Ds* $\quad$ $\longrightarrow$ *Ds*:*Bm*(3:1) $\quad$ $\longrightarrow$ *Ds*:*Bm*(6:1)

$\longrightarrow$ *Ds*:*Bm*(9:1) $\quad$ $\longrightarrow$ *Ds*:*Bm*(12:1) $\quad$ $\longrightarrow$ *Ds*:*Bm*(15:1)

图 3-5 *Desmodesmus* sp. 纯培养体系和不同藻菌接种比的 *Ds-Bm* 共培养体系处理沼液

叶绿素含量的变化反映了 *Desmodesmus* sp. 的生长,所有培养体系中叶绿素含量随培养时间的延长而增加。第 5～7 天达到最大值,之后均呈现下降的趋势[图 3-5(a)]。共培养体系中叶绿素含量随接种物中微藻比例的增加而增加。在微藻与细菌接种比例最高的 *Ds-Bm* 共培养体系中叶绿素含量最高。各共培养体系中 COD 浓度在处理后 6 d 内迅速下降,之后变化不大[图 3-5(b)]。因此,考虑时间成本,利用共培养体系处理 6 d 是可取的。各共培养体系 *Ds*:*Bm*(3:1、6:1、9:1、12:1 和 15:1)在第 6 天对 COD 的去除率分别达到 58%、75%、81%、72% 和 76%,其中 *Ds*:*Bm*(9:1)共培养体系处理 COD 效果最佳。随着微藻与细菌接种比例从 3:1 增加到 6:1,共培养体系对 COD 的去除率显著提高。当接种比例继续提高至 15:1 时,COD 的去除率并不能进一步提高,但是仍然维持较高水平,较 *Desmodesmus* sp. 纯培养体系提高了 95%～110%。经 *Ds*:*Bm*(3:1、6:1、9:1、12:1 和 15:1)共培养体系处理,沼液 I 中 COD 浓度均符合《畜禽养殖业污染物排放标准》(GB 18596—2001)要求。Ji 等人研究了不同藻菌接种比(1:0、1:1、1:2、1:3、2:1 和 3:1)的微藻-细菌共培养体系中微藻的生长情况及对合成废水的处理效果。结果显示各培养体系中微藻生物量的变化趋势与本研究结果相似,在第 6 天达到最高,然后下降。其中 1:3 的藻菌接种比对于微藻生物量生产和污染物去除是较有利的[108]。Su 等人研究发现,微藻-活性污泥共培养体系对城市废水 COD 的去除率相比于纯微藻体系要高出 25% 左右。但不同藻泥接种比(10:1、5:1 和 1:1)的共培养体系对城市废水的去除率没有显著差异[211]。本研究结果表明,当藻菌接种比增加到 6:1 时,COD 的去除率明显提高,而当藻菌接种比继续增加时,即使极大地促进了微藻的生长,也不能提高 COD 的去除率。

不同培养体系中 TP 的去除率与微藻叶绿素含量呈现相似的变化趋势[图 3-5(c)],TP 的浓度随培养时间的延长先降低后升高,第 6 天达到最低值。TP 的去除率随着共培养体系中微藻比例的增加而显著提高,当微藻与细菌接种比例为 12:1 时,TP 的去除率达到最高(43%),是 *Desmodesmus* sp. 纯培养体系的 2.68 倍。Nguyen 等人研究了不同接种比例的微藻-活性污泥混合培养,结果与本研究相似。总的来说,随着共培养体系中微藻比例的增加,TP 的去除量也大幅提高[217]。*Ds-Bm* 共培养体系中 TP 的浓度在培养后期升高可能与微生物解体有关。一般情况下,微生物胞内物质在饥饿状态下会自行消耗,细胞分解重新把磷释放到培养基中,导致体系对 TP 处理能力下降。Sun 等人研究不同活性污泥浓度对藻-活性污泥共培养体系处理城市废水效果的影响,得到类似的结果,磷浓度在早期先降低后升高[212]。

3.4.1 中提到,$Desmodesmus$ sp. 纯培养体系能够去除沼液Ⅰ中少量的 $NH_4^+ - N$,经 $B. megaterium$ 纯培养体系和 $Ds-Bm$ 共培养体系处理的沼液Ⅰ中的 $NH_4^+ - N$ 浓度反而升高[图 3-3(c)]。本研究得到类似的结果,并且 $Ds-Bm$ 共培养体系中 $Desmodesmus$ sp. 的比例越高,$NH_4^+ - N$ 浓度升高得越少[图 3-5(d)],证实了 $Desmodesmus$ sp. 对 $NH_4^+ - N$ 去除的主导作用。在本研究中,$Ds:Bm(3:1)$ 共培养体系中较高的细菌比例不适合去除 $NH_4^+ - N$。此外,通常情况下猪场沼液在经过厌氧消化之后,含有大量的 $NH_4^+ - N$,COD/TN 的比值相对较低(1~3),不利于细菌高效去除氮[218]。在低 C/N 条件下,$B. megaterium$ 可能倾向于快速分解尿素,生成的 $NH_4^+ - N$ 超过 $Desmodesmus$ sp. 利用的 $NH_4^+ - N$,导致 $NH_4^+ - N$ 浓度增加。这引发了一种想法,即可以通过调整不利于尿素快速分解的 C/N 来提高 $NH_4^+ - N$ 的去除率,这部分将在 3.4.2.2 中详细探讨。

通过优化藻菌接种比发现 $Ds:Bm(9:1$、$12:1$ 和 $15:1)$ 共培养体系对沼液中的 COD 和 TP 去除效果均较好,且各比例之间没有显著性差异。因此,考虑经济因素,选取 $Ds:Bm(9:1)$ 共培养体系进行进一步条件优化,以期获得更高效的藻菌共培养体系。

3.4.2.2 营养配比优化

废水的组成能够显著影响微藻对污染物的处理效果,已有研究表明不同藻种都有其自身最适宜的碳氮比和氮磷比,废水中的碳氮磷比例会影响微藻的生长以及污染物的去除[219-221]。微藻细胞的化学元素组成可以为确定废水中最佳营养配比提供依据,微藻的斯塔姆(Stumm)经验公式为 $C_{106} H_{263} O_{110} N_{16} P$[222]。因此,本研究采用两种营养配比接近微藻 Stumm 经验公式的沼液Ⅱ和Ⅲ,并与沼液Ⅰ进行比较,探讨 C/N/P 对 $Ds-Bm$ 共培养体系处理沼液的影响,结果如图 3-6 所示。

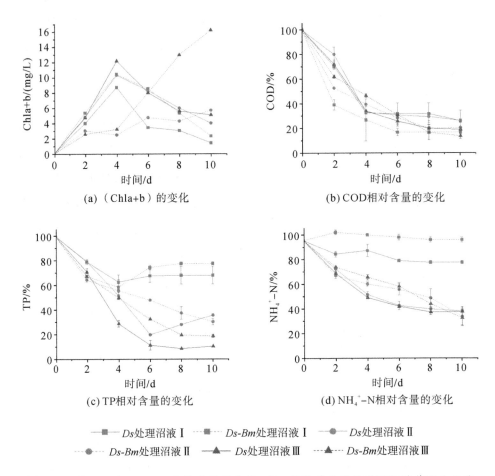

(a)（Chla+b）的变化   (b) COD相对含量的变化

(c) TP相对含量的变化   (d) NH₄⁺-N相对含量的变化

— Ds处理沼液Ⅰ ····■···· Ds-Bm处理沼液Ⅰ —●— Ds处理沼液Ⅱ
····●···· Ds-Bm处理沼液Ⅱ —▲— Ds处理沼液Ⅲ ····▲···· Ds-Bm处理沼液Ⅲ

图 3-6 *Desmodesmus* sp. 纯培养体系和 *Ds-Bm* 共培养体系处理不同营养配比沼液

由图 3-6(a)可知,*Desmodesmus* sp. 纯培养体系处理不同配比的沼液(Ⅰ、Ⅱ和Ⅲ)时,叶绿素含量均随培养时间的延长而增加,第 4 天达到最大值,之后呈下降趋势。Rahman 等人认为 N/P = 16/1 是最有利于藻类生长的营养配比[219]。本研究得到类似的结果,将沼液中 N/P 从 80/2 逐渐调整至 16/1,*Desmodesmus* sp. 纯培养体系处理沼液Ⅱ(N/P = 16/2)和Ⅲ(N/P = 16/1)时的最高叶绿素含量相比于处理沼液Ⅰ(N/P = 80/2)时,分别提高了 18% 和40%。*Ds-Bm* 共培养体系对 C/N/P 变化的响应不同于 *Desmodesmus* sp. 纯培养体系。当沼液中的 C/N 从 106/80(沼液Ⅰ)调整至 106/16(沼液Ⅱ和Ⅲ)时,*Ds-Bm* 共培养体系中的微藻生长出现了明显的延迟。值得注意的是,在处理沼液Ⅲ的后期阶段,*Ds-Bm* 共培养体系的叶绿素含量比 *Desmodesmus* sp. 纯培养体系提高了 33%。这可能是由于较高的 C/N(106/16)条件促进了细菌的快速生长,使得在藻菌共培养初期,细菌比微藻具有较大的生长优势。微藻作为一种光合自养生物,在低 C/N(106/80)条件下,在藻菌共培养初期的繁殖速度较快。上述结果表明,C/N 对藻菌共培养体系的优势种群有重要影响。因此,藻菌共培养体系在废水处理中的实际应用应重视 C/N。

由图 3-6(b)可知,*Desmodesmus* sp. 纯培养体系和 *Ds-Bm* 共培养体系均能有效处理不同营养配比沼液中的 COD。且处理 10 d 后,*Ds-Bm* 共培养体系对 COD 的去除率均高于 *Desmodesmus* sp. 纯培养体系,在沼液 I、II 和 III 中,分别高出 22%、15% 和 6%。由图 3-6(c)可知,*Desmodesmus* sp. 纯培养体系处理不同营养配比的沼液(I、II 和 III)时,TP 的去除率与微藻叶绿素含量呈现相似的变化趋势,先升高后降低。*Ds-Bm* 共培养体系处理沼液 I 时,TP 的去除率也呈现相似的趋势,在处理后期,*Ds-Bm* 共培养体系释放部分磷到沼液中去。而 *Ds-Bm* 共培养体系处理沼液 II 和 III 时,TP 的去除率持续升高。在沼液处理的前 2 天,*Ds-Bm* 共培养体系相比于 *Desmodesmus* sp. 纯培养体系显示出较高的 TP 去除率,而延长处理时间(>4 d),*Ds-Bm* 共培养体系对 TP 的去除率低于 *Desmodesmus* sp. 纯培养体系。当沼液中的 C/N 从 106/80(沼液 I)调整至 106/16 时,*Ds-Bm* 共培养体系对 TP 的去除率分别提高了 208%(沼液 II)和 259%(沼液 III)。由图 3-6(d)可知,*Desmodesmus* sp. 纯培养体系对沼液 I 中 NH_4^+-N 的去除率为 19%,而 *Ds-Bm* 共培养体系不能去除沼液I中的 NH_4^+-N。降低 N 的比例(沼液 II),*Desmodesmus* sp. 纯培养体系和 *Ds-Bm* 共培养体系均能有效处理 NH_4^+-N,去除率分别为 60% 和 64%。处理沼液 III 时得到同样的结果,*Desmodesmus* sp. 纯培养体系和 *Ds-Bm* 共培养体系对 NH_4^+-N 的去除率分别为 60% 和 65%。上述结果与 Lu 等人的研究一致,高 C/N 的奶牛场和屠宰场混合废水中 TP 的去除率高于低 C/N 的奶牛场废水[223]。Qi 等人研究发现,较高的 COD/N 有利于微藻处理高浓度可发酵废水中的NH_4^+-N[224]。

与处理沼液I和II相比,*Ds-Bm* 共培养体系处理沼液III过程中 *Desmodesmus* sp. 生物量显著增加,并且沼液 III 中污染物的去除率显著提高。经 *Ds-Bm* 共培养体系处理后,沼液 III 中 COD 的浓度由 1 088.70 mg/L 降至 152.66 mg/L,TP 的浓度由 11.20 mg/L 降至 2.12 mg/L,NH_4^+-N 的浓度由 83.45 mg/L 降至 28.80 mg/L;沼液 II 中 COD 的浓度由 1 088.70 mg/L 降至 255.94 mg/L,

TP 的浓度由 22.62 mg/L 降至 6.91 mg/L，NH_4^+-N 的浓度由 83.45 mg/L 降至 28.80 mg/L。沼液Ⅱ和Ⅲ中污染物指标均符合《畜禽养殖业污染物排放标准》(GB 18596—2001)要求。

以上研究结果显示，Ds-Bm 共培养体系不能处理低 C/N 且高 NH_4^+-N 浓度的沼液Ⅰ(C/N＝106/80，NH_4^+-N＝277.56 mg/L)中的 NH_4^+-N，提高 C/N 并降低 NH_4^+-N 的浓度(C/N＝106/16，NH_4^+-N＝83.45 mg/L)，Ds-Bm 共培养体系能够有效去除沼液Ⅱ和Ⅲ中的 NH_4^+-N。为了检验影响 Ds-Bm 共培养体系去除 NH_4^+-N 的因素是 C/N 还是 NH_4^+-N 的浓度，本研究配置了固定 C/N/P(C/N/P＝106/16/1)但较高 NH_4^+-N 浓度的沼液(沼液Ⅲ，NH_4^+-N＝83.45 mg/L；沼液 2Ⅲ，NH_4^+-N＝166.9 mg/L；沼液 4Ⅲ，NH_4^+-N＝333.8 mg/L)进行试验。结果如图 3-7 所示。

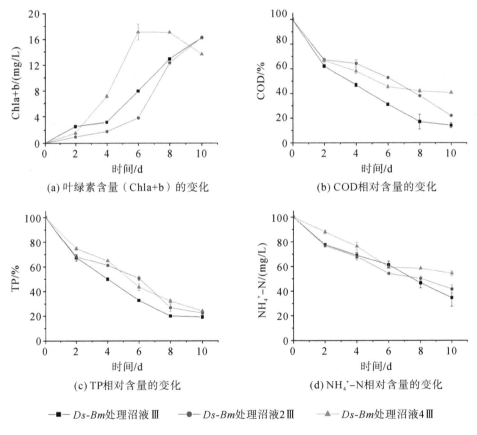

图 3-7　Ds-Bm 共培养体系处理固定 C/N/P 但不同 NH_4^+-N 浓度的沼液

从图 3-7(a)可以看出,随着污染物浓度的增加,$Ds\text{-}Bm$ 共培养体系中微藻的叶绿素含量随培养时间的延长而增加,并且达到稳定生长期的时间缩短。从图 3-7(b)—(d)可以看出,$Ds\text{-}Bm$ 共培养体系可以有效去除不同污染物浓度沼液中的 COD、TP 和 $NH_4^+\text{-}N$。沼液 4Ⅲ、2Ⅲ 和 Ⅲ 中 COD 的去除率分别为 59%、78% 和 86%;TP 的去除率分别为 76%、78% 和 81%;$NH_4^+\text{-}N$ 的去除率分别为 46%、58% 和 65%。虽然较高的污染物浓度导致 $Ds\text{-}Bm$ 共培养体系对 $NH_4^+\text{-}N$ 的去除率略有降低[图 3-7(d)],但在较高的污染物浓度条件下(沼液 2Ⅲ 和 4Ⅲ),$Ds\text{-}Bm$ 共培养体系对 $NH_4^+\text{-}N$ 的去除率分别达到 58% 和 46%,处理效果较好。综上所述,在处理低 C/N 和含 277.56 mg/L $NH_4^+\text{-}N$ 的沼液 Ⅰ 时,$Ds\text{-}Bm$ 共培养体系将 $NH_4^+\text{-}N$ 释放到沼液中。但随着 $NH_4^+\text{-}N$ 浓度的增加(333.80 mg/L),在保持固定的高 C/N(106/16)的情况下,$Ds\text{-}Bm$ 共培养体系均能有效去除 $NH_4^+\text{-}N$,说明 C/N 是调控 $Ds\text{-}Bm$ 共培养体系去除 $NH_4^+\text{-}N$ 的关键因素。因此,C/N 可能调控了微藻和 $B.\ megaterium$ 的相互作用,从而决定是否诱导 $B.\ megaterium$ 分泌 $NH_4^+\text{-}N$。杨翔梅研究 COD/$NH_4^+\text{-}N$ 对 $NH_4^+\text{-}N$ 去除的影响,得到与本研究类似的结果。随着 COD/$NH_4^+\text{-}N$ 的提高(从 100/85 提高至 100/35),藻菌共培养体系对养猪废水厌氧消化液中 $NH_4^+\text{-}N$ 的去除率随之提高(从 18% 提高至 56%)[225]。

猪场沼液在经过厌氧消化之后,含有大量的 $NH_4^+\text{-}N$,C/N 较低。结合上述试验结果,实际应用中可考虑添加碳源提高藻菌共培养体系的脱氮能力。Gao 等人通过添加葡萄糖配置不同初始 C/N(0、1、3、6、12、24 和 30)的人工废水培养微藻,结果表明 C/N 的增加促进了微藻的生长和污染物的去除[226]。但是溶解性碳源如葡萄糖和乙酸等,存在成本较高且易造成二次污染等问题[227]。因此,实际应用时可考虑将高 C/N 有机工业废水(如啤酒厂废水和印染厂废水)[228]作为补充碳源与沼液混合,以提高藻菌共培养体系的废水处理效果。

3.4.3 $Ds\text{-}Bm$ 共培养体系与 Ds-活性污泥共培养体系的比较

利用活性污泥处理废水,已有百年的历史。活性污泥中微生物种类繁多,包括脱氮、除磷菌和絮凝菌等多种功能菌[229]。活性污泥的菌群结构多样性决定着废水处理系统的稳定性,群落结构的改变会影响废水处理能力[230]。目前废水处理厂多针对出水水质进行监测,而活性污泥很可能在出水水质改变前已经受到严重的损害,其菌群结构和功能已经发生变化,因此现有的废水监测存在很大滞后性[231]。本研究通过比较 *Ds-Bm* 共培养体系与 *Ds-As* 共培养体系处理沼液的效果,以检验优化后的 *Ds-Bm* 共培养体系处理沼液的能力。结果如图 3-8 所示。*Ds-Bm* 共培养体系对沼液 Ⅲ 中 TP 和 NH_4^+-N 的去除率相比于 *Ds-As* 共培养体系分别提高了 65% 和 55%。因此,本研究优化后的 *Ds-Bm* 共培养体系在氮磷去除方面更具优势。

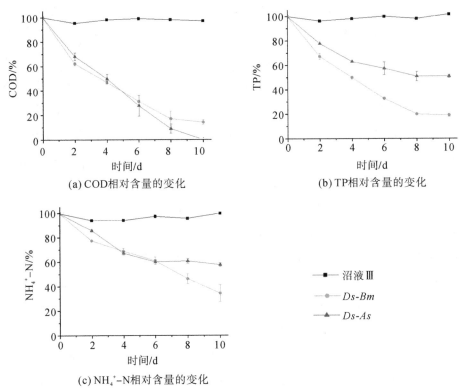

(a) COD相对含量的变化

(b) TP相对含量的变化

(c) NH_4^+-N 相对含量的变化

图 3-8 *Ds-Bm* 共培养体系与 *Ds-As* 共培养体系处理沼液 Ⅲ

3.4.4 *Ds-Bm* 共培养体系的微藻生产力、脂质及脂肪酸组成分析

为了探讨处理沼液后的 *Ds-Bm* 共培养体系作为生物质能源的潜力,分别对 *Desmodesmus* sp. 纯培养体系和 *Ds-Bm* 共培养体系中的细胞干重、脂质含量和脂质产率进行检测。结果如图 3-9(a)(b)所示。*Ds-Bm* 共培养体系中的细胞干重、脂质含量和脂质产率比 *Desmodesmus* sp. 纯培养体系分别提高了 12%、12% 和 25%。结果表明,与 *B. megaterium* 共培养能够提高 *Desmodesmus* sp. 的

生物量,脂质含量和脂质产率。本研究中在沼液中培养的 *Desmodesmus* sp. 的
脂质含量(22%～30%)与文献报道的富油栅藻的脂质含量相当[232]。在生产应
用中,富油微藻的应用价值不仅仅体现在单位藻细胞的脂质含量上,还取决于
微藻的生物量[233]。本研究中在沼液中培养的 *Desmodesmus* sp. 的脂质产率为
12.27～15.32 mg/(L·d),与文献报道的用于城市废水处理的斜生栅藻的脂质
产率相当[164]。上述结果表明 *Ds-Bm* 共培养体系可以在处理沼液的同时生产
生物质能源。

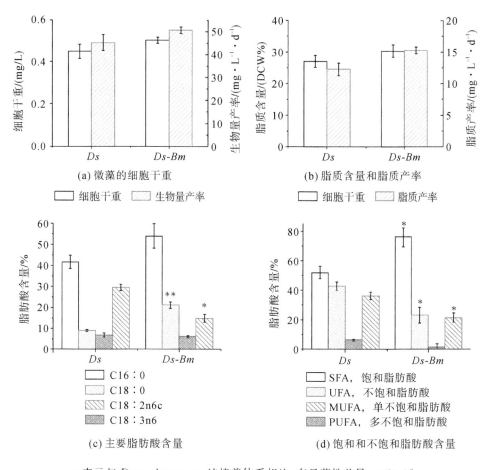

* 表示与 *Desmodesmus* sp. 纯培养体系相比,有显著性差异,$p < 0.05$;

* * 表示与 *Desmodesmus* sp. 纯培养体系相比,有极显著性差异,$p < 0.01$。

图 3-9　处理沼液后的 *Desmodesmus* sp. 纯培养体系和 *Ds-Bm* 共培养体系
　　　　的生物量和脂质

生物柴油中主要的脂肪酸组分为十六烷酸(C16:0)、十八烷酸(C18:0)、油酸(C18:1n9c)、亚油酸(C18:2n6c)和亚麻酸(C18:3n3)[234]。只有微藻所含脂肪酸的成分和比例符合生物柴油生产标准时,才能考虑用作备选资源。本研究分别对 *Desmodesmus* sp. 纯培养体系和 *Ds-Bm* 共培养体系中微藻的脂肪酸组成及含量进行检测,结果如图 3 - 9(c)所示。*Desmodesmus* sp. 细胞内的脂肪酸主要由 C16:0、C18:0、C18:2n6c 和 C18:3n6 组成,符合生物柴油碳链长度的基本要求(C15~C22)[234]。*Desmodesmus* sp. 纯培养体系中微藻的上述脂肪酸含量分别为 42%、9%、7% 和 29%。*Desmodesmus* sp. 与 *B. megaterium* 共同培养后,细菌对微藻的脂肪酸组成产生了一定的影响,其中 C16:0 和 C18:0 的含量分别提高了 12% 和 12%,而 C18:2n6c 和 C18:3n6 的含量分别降低了 1% 和 15%。*Desmodesmus* sp. 纯培养体系中微藻细胞内适用于做生物柴油的脂肪酸组分(C16:0、C18:0 和 C18:2n6c)的总含量为 58%。与 *B. megaterium* 共同培养后,微藻细胞内该类脂肪酸的含量为 81%,提高了 40%。

微藻细胞内的脂肪酸可分为两类,一类是饱和脂肪酸(saturated fatty acid,SFA),分子内不含碳碳双键,如十六烷酸和十八烷酸;另一类是不饱和脂肪酸(unsaturated fatty acid,UFA),分子内含有一个或几个碳碳双键,如油酸。根据碳碳双键的数量,UFA 又可分为单不饱和脂肪酸(monounsaturated fatty acid,MUFA)和多不饱和脂肪酸(polyunsaturated fatty acid,PUFA)。已有研究表明,不饱和程度较低的脂肪酸组成更适用于生产生物柴油[235],因为不饱和程度高的脂肪酸会降低氧化稳定性、影响燃烧热以及十六烷值[236]。本研究结果显示,*Desmodesmus* sp. 与 *B. megaterium* 共同培养后,细菌对微藻的脂肪酸组成产生了一定的影响,其中 SFA 的含量提高了 46%,而 UFA 的含量降低了 19%。*Desmodesmus* sp. 的 MUFA 及 PUFA 含量均降低,总体不饱和程度降低[图 3 - 9(d)]。因此,与 *Desmodesmus* sp. 纯培养体系相比,*Ds-Bm* 共培养体系中 *Desmodesmus* sp. 的脂肪酸组成更适于生产生物柴油。

3.5 小结

本章首先对 *Ds-Bm* 共培养体系和 *Cv-Ss* 共培养体系处理沼液的效果进行比较。然后对 *Ds-Bm* 共培养体系处理沼液的条件,包括微藻和细菌的初始接种比以及沼液中营养物质配比进行优化,以提高 *Ds-Bm* 共培养体系对 COD、

TP 和 NH_4^+-N 的去除率。之后,对影响 NH_4^+-N 去除的关键因素进行检验,以提高 Ds-Bm 共培养体系处理沼液的可控性。最后,对处理沼液后的 Ds-Bm 共培养体系的脂质含量及脂肪酸组成进行测定,以评价 Ds-Bm 共培养体系在生物燃料生产中的潜在应用。主要结论如下:

1. 利用微藻与细菌的协同作用来处理沼液是一种有效的方法。Cv-Ss 共培养体系较 $C.$ $vulgaris$ 纯培养体系提高了 TP 和 NH_4^+-N 的去除率(分别提高了 18% 和 53%),Ds-Bm 共培养体系较 $Desmodesmus$ sp. 纯培养体系提高了 TP 和 COD 的去除率(分别提高了 43% 和 142%)。经 Ds-Bm 共培养体系处理后的沼液中 COD 浓度符合《畜禽养殖业污染物排放标准》(GB 18596—2001)要求。

2. Ds:Bm(9:1、12:1 和 15:1)共培养体系对沼液中的 COD 和 TP 去除效果均较好,且各比例之间没有显著性差异。考虑经济因素,选取 Ds:Bm(9:1)共培养体系进行后续研究。

3. 提高沼液 C/N(106/16)后,经 Ds-Bm 共培养体系处理的沼液中 COD、TP 和 NH_4^+-N 浓度均符合《畜禽养殖业污染物排放标准》(GB 18596—2001)要求。C/N 是调控 Ds-Bm 共培养体系去除 NH_4^+-N 的关键因素。

4. 与微藻-活性污泥共培养体系相比,优化后的 Ds-Bm 共培养体系在氮和磷去除方面更具优势。

5. Ds-Bm 共培养体系的脂质含量为 30%,饱和脂肪酸含量为 76%。Ds-Bm 共培养体系可以在处理沼液的同时生产生物质能源,且与 $Desmodesmus$ sp. 纯培养体系相比,其脂肪酸组成更适于生产生物柴油。

第 4 章
人工沼液处理过程中藻菌互作机制的分析

4.1 引言

自然界中,微藻能够与细菌形成藻菌共培养体系。细菌对微藻的生理和代谢过程有积极或消极的影响[237-238]。近年来,国内外学者对微藻与细菌的相互作用机制开展了广泛的研究,逐步明确了藻菌共培养体系在协同处理废水过程中较单一微藻处理的优势[239-240]。在藻菌共培养体系中,细菌对微藻最直接的作用是能够提高微藻的生长速度和生物量[241]。我们前期的研究也证实 *B. megaterium* 可提高 *Desmodesmus* sp.处理沼液的效果并促进脂质在微藻细胞内的积累[242]。目前,在沼液处理中应用最普遍的藻菌共培养体系主要是微藻与活性污泥组合[204, 243-245]。然而,不同批次的活性污泥中微生物群落结构不同,导致废水处理效率不稳定[246]。此外,活性污泥组成复杂,在废水处理过程中,微生物群落结构发生动态变化[247]。因此,利用微藻与活性污泥共培养模型难以研究微藻与细菌的相互作用机理。有必要利用单一微藻和单一细菌进行相关研究。目前关于藻菌互作机制的多数研究关注于微藻与细菌之间的营养交换、信号转导和基因转移等关系[248]。

研究人员利用转录组学对微藻和细菌的相互作用进行了相关研究,Amin 等人利用转录组学和代谢组学揭示了亚硫酸杆菌(*Sulfitobacter*)通过分泌激素吲哚乙酸(IAA)促进多列拟菱形藻(*Pseudo-nitzschia multiseries*)的细胞分裂,该激素是由细菌利用硅藻分泌的和内源性的色氨酸合成的[176]。Durham 等人对海洋玫瑰杆菌(*Roseobacter*)和假微型海链藻(*Thalassiosira pseudonana*)进行转录组学分析,发现细菌与微藻共培养时明显上调表达的基因是那些编码硅藻分泌的 2,3-二羟基丙烷-1-磺酸盐(DHPS)转运和降解的基因。北太平洋样品的转录组学分析进一步提供了细菌降解 DHPS 的证据[177]。Wang 等人利用 RNA 测序和微阵列分析揭示了当与微型原甲藻(*Prorocentrum minimum*)共培养时,光合细菌(*Dinoroseobacter shibae*)的哪些基因在培养早期以光依赖的方式进行转录和差异表达。结果表明,在共培养的早期,聚羟基脂肪酸酯(PHA)的降解可能是细菌获得碳和能量的主要来源。在光照条件下以二甲基磺基丙酯(DMSP)的降解和有氧存在的光合作用为补充[178]。但是,未有研究利用转录组学揭示 *Desmodesmus* sp. 与共生细菌的相互作用,以及细菌对 *Desmodesmus* sp. 脂质积累和污染物去除的影响。

本章的研究目的是,通过转录组学技术对 *Desmodesmus* sp. 纯培养体系、*B. megaterium* 纯培养体系和 Ds-Bm 共培养体系在不同 C/N 条件下的 DEGs 进行鉴定,揭示其涉及的跨种相互作用、促进污染物去除和脂质积累的代谢途径。以期为揭示微藻与细菌在废水处理过程中的互作机制提供重要参考。

4.2　试验材料与仪器

4.2.1　仪器

本试验所用主要仪器同 3.2.1。

4.2.2　藻种和菌种

本试验使用藻种为 *Desmodesmus* sp.,具体来源见 2.2.2。
本试验使用菌种为 *B. megaterium*,具体来源见 2.3.3。

4.2.3　沼液

为了保证研究的稳定性和可追溯性,本研究使用人工沼液。第 3 章研究表明,C/N 是控制 Ds-Bm 共培养体系去除 NH_4^+-N 的关键因素,而不是污染物的绝对浓度。因此,本研究设定低 C/N(106/80)和高 C/N(106/16)两种典型配方分别作为沼液 L 和沼液 H。沼液 L 根据猪场沼液的各项污染物指标进行配置,具体配方同 3.2.4 中的沼液 I。已有研究表明,废水中的 C/N 会影响微藻的生长,从而影响污染物去除率[219-221]。微藻细胞的基本组成可以为废水中最优营养配比提供线索。微藻的经验公式为 $C_{106}H_{263}O_{110}N_{16}P$[222]。因此,沼液 H 根据微藻的经验公式进行配置,具体是将沼液 L 进行适当稀释降低各项污染物浓度后,补充碳、氮、磷等营养成分,使各成分比例符合微藻经验公式并且其中 NH_4^+-N 浓度与沼液 L 相同。两种沼液的具体参数如表 4-1 所示。

表 4-1　不同营养物质浓度的沼液

沼液	COD/(mg/L)	TN/(mg/L)	NH_4^+-N/(mg/L)	C/N
L	1 187.50	901.50	277.56	106/80
H	3 949.60	596.00	277.56	106/16

4.2.4　培养基

本试验微藻所用 BG11 培养基和细菌所用 LB 培养基见 2.2.4。

4.3　试验方法

4.3.1　藻菌共培养体系处理沼液的试验设置

将对数生长期的 *Desmodesmus* sp.（9×10^5 cells/mL）和 *B. megaterium*（1×10^5 cells/mL）共同接种至含 200 mL 沼液的 500 mL 锥形瓶中。同时,单独接种微藻（9×10^5 cells/mL）作为对照组。培养 7 d 左右,培养条件同 2.3.1。每种试验组均设置 3 个平行。采集样品监测以下指标:细菌细胞密度,微藻细胞密度,微藻细胞中叶绿素的含量,沼液中 COD、TP 和 NH_4^+-N 的浓度。

4.3.2　微藻和细菌生长的测定

测定方法同 2.3.2 和 2.3.5。

4.3.3　污染物的测定

测定方法同 3.3.3。

4.3.4　脂质的测定

测定方法同 3.3.5。

4.3.5 脂肪酸组成及含量的测定

测定方法同 3.3.6。

4.3.6 转录组测序

分别收集一定体积的在沼液 L 和沼液 H 中生长第 3 天的 *Desmodesmus* sp. 纯培养（Ds_L 和 Ds_H），*B. megaterium* 纯培养（Bm_L 和 Bm_H）和 *Ds-Bm* 共培养（DsBm_L 和 DsBm_H）。因为，此时不同 C/N 条件下各培养物的生长和 NH_4^+-N 去除才刚刚开始出现显著差异。将上述样品分别进行 10 000g 离心 10 min，弃掉上清液。加入一定体积的无菌蒸馏水，充分混匀重悬细胞，10 000 g 离心 10 min，弃掉上清液。重复上述洗涤步骤三次，尽可能地去除细胞外黏附的杂质。迅速放入液氮中冷冻，随后置于 −80 ℃ 冰箱中保存。委托诺禾致源科技股份有限公司对以上样品进行 RNA 提取及转录组测序。

4.3.6.1 RNA 提取及检测

采用 TRIzol 法提取各样品总 RNA[249]，然后对 RNA 样品进行严格质量检测，检测指标及方法如下。RNA 完整性及是否受到污染：琼脂糖凝胶电泳；RNA 纯度：NanoPhotometer spectrophotometer；RNA 浓度：Qubit 2.0 Fluorometer；RNA 完整性（精确检测）：Agilent 2100 bioanalyzer。

4.3.6.2 文库构建

原核生物的 RNA 样品检测合格后，利用 Ribo-Zero 试剂盒对 mRNA 进行富集。加入裂解缓冲液（fragmentation buffer）将 mRNA 打断成小片段。以随机六聚体引物（random hexamers）为引物，以片段化的 mRNA 为模板，相继加入缓冲液、dNTPs、DNA 聚合酶 Ⅰ（DNA polymerase Ⅰ）和 RNase H 合成双链 cDNA。利用 AMPure XP beads 纯化 cDNA。利用 USER 酶降解含有 U 的 cDNA 第二链。然后对双链 cDNA 进行末端修复、加 A 尾、加测序接头，利用 AMPure XP beads 选择目标片段，进行 PCR 扩增，利用 AMPure XP beads 纯化 PCR 产物，最终获得 cDNA 文库。

真核生物 cDNA 文库构建。真核生物的 mRNA 有两种获取方式，一种是利用 Oligo(dT) 磁珠富集带有 polyA 尾的 mRNA。另一种是从总 RNA 中去除 rRNA，得到 mRNA。然后在 NEB fragmentation buffer 中将 mRNA 随机打断，文库构建方式同原核生物 cDNA 文库构建。

4.3.6.3　文库质检

完成 cDNA 文库构建后,利用 Qubit 2.0 Fluorometer 进行初步定量,稀释文库至 1.5 ng/μL,利用 Agilent 2100 bioanalyzer 检测插入片段长度,利用 qRT-PCR 准确定量文库的有效浓度(>2 nmol/L)。

4.3.6.4　上机测序

对质检合格的文库进行因美纳(Illumina)测序,基本原理是边合成边测序。在测序的流动池中加入四种荧光标记的 dNTP、DNA 聚合酶、接头和引物进行扩增,当互补链延伸时,dNTP 会释放相应的荧光,测序仪捕捉荧光信号并转化为测序峰,输出测序片段的序列信息。

4.3.6.5　生物信息分析

原核生物,有相关物种参考基因组,其生物信息分析流程为,原始测序数据质量评估,参考序列比对分析、基因表达水平分析、RNA-seq 相关性分析、基因差异表达分析、GO 和 KEGG 富集分析等。

真核生物,没有参考基因组,对其进行转录组分析时,可先用 Trinity 软件将原始测序数据拼接成转录本[250],作为后续分析的参考序列(ref)。再用 Corset 软件对转录本进行聚类去冗余得到聚类序列(unigene),进行后续的分析。

4.3.6.5.1　测序数据整理、过滤及质量评估

将原始下机数据(raw reads)经过过滤、测序错误率检查、GC 含量分布检查,得到待分析数据(clean reads)用于后续分析。

4.3.6.5.2　unigene 功能注释

对无参考基因组的真核生物样品的 clean reads 进行拼接,得到参考序列。利用七大数据库(Nr、Nt、Pfam、KOG/COG、Swiss-prot、KEGG 和 GO)进行基因功能注释,得到全面的基因功能信息。

4.3.6.5.3　参考序列比对分析

对于原核生物,利用 Bowtie2 将过滤后的测序序列进行基因组定位分析。对于真核生物,利用 RSEM 软件将每个样品的 clean reads 往 ref 上做比对(mapping)(Bowtie2 参数 mismatch 0)[251]。

4.3.6.5.4　基因表达水平分析

一个基因表达水平的直接体现就是其转录本的丰度情况,丰度越高,基因表

达水平越高。在 RNA-seq 分析中,通过定位到基因组区域或基因编码区的 reads 计数(readcount)来估计基因的表达水平。reads 计数与基因的真实表达水平成正比,与基因的长度和测序深度成正相关。利用 FPKM(expected number of fragments per kilobase of transcript sequence per millions base pairs sequenced)估算基因表达水平。FPKM 是每百万片段(fragments)中来自某一基因每千碱基长度的 fragments 数量,其同时考虑了测序深度和基因长度对 fragments 计数的影响[252]。本研究利用 HTSeq 软件对各样品进行基因表达水平分析,使用的模型为 union。

4.3.6.5.5　RNA-Seq 相关性检查

高通量测序技术需要生物学重复[253]。生物学重复主要有两个用途:一个是证明所有试验操作是可以重复的且变异不大,另一个是确保后续的 DEGs 分析结果更可靠。检验试验可靠性和样本选择合理性的重要指标是样品间基因表达水平相关性。相关系数越接近 1,表明样品之间表达模式的相似度越高。转录组学项目操作中,要求生物学重复样品间皮尔逊(Pearson)相关系数的平方(R^2)至少要大于 0.8。

4.3.6.5.6　基因差异分析

差异基因分析包括三部分,首先标准化 4.3.6.5.4 中得到的 readcount,然后计算假设检验概率(p 值),最后多重假设检验校正,得到错误发生率(FDR)。对于有生物学重复的研究,分析软件为 DESeq2,p 值计算模型为负二项分布,FDR 计算方法为 BH,DEGs 筛选标准为 $p_{adj} < 0.05$,p_{adj} 为经多重假设检验校正的 p 值。

4.3.6.5.7　DEGs 富集分析

通过对 DEGs 进行富集分析,可以找到不同条件下的 DEGs 与哪些生物学功能或通路显著相关。本研究采用 KOBAS 软件分别对 DEGs 进行 KEGG 通路富集分析。富集分析基于超几何分布原理,其中差异基因集为差异显著分析所得差异基因列表,背景基因集为所有有 KEGG 注释的基因列表。富集分析结果是对每个差异比较组合的所有 DEGs 进行富集。

KEGG 通路富集散点图:KEGG 富集程度通过富集因子(rich factor)、q 值和富集到此通路上的基因个数来衡量。其中 rich factor 指 DEGs 中位于该途径(pathway)条目的基因数量与所有有注释基因中位于该 pathway 条目的基因总数的比值。q 值是做过多重假设检验校正之后的 p 值,q 值的取值范围为 [0,1],

越接近于 0，表示富集越显著。

4.3.7　试验结果的统计分析

所有试验均独立重复三次，试验结果以平均数±标准差表示。使用 JMP 13.2.0 软件对生理试验数据进行统计学分析。$p < 0.05$ 代表差异显著，$p < 0.01$ 代表差异极其显著。在转录组分析中，以 $p_{adj} < 0.05$ 和 $|\log_2(\text{foldchange})| > 1$ 为阈值，以确定基因是否存在显著差异表达。

4.4　试验结果与讨论

第 3 章研究表明，$Ds\text{-}Bm$ 共培养体系不能处理低 C/N(106/80)且高 $NH_4^+ - N$ 浓度(277.56 mg/L)的沼液中的 $NH_4^+ - N$。通过将 C/N 提高到 106/16，$Ds\text{-}Bm$ 共培养体系可有效去除含有不同 $NH_4^+ - N$ 浓度(333.80 mg/L、166.90 mg/L和 83.45 mg/L)的沼液中的 $NH_4^+ - N$。说明 C/N 是控制 $Ds\text{-}Bm$ 共培养体系去除 $NH_4^+ - N$ 的关键因素，而不是污染物的绝对浓度。但是，究竟是微藻和细菌相互关系的改变还是微藻/细菌体内 $NH_4^+ - N$ 代谢的单独开关导致了藻菌共培养体系对 $NH_4^+ - N$ 的高效去除能力，目前尚不清楚。在高C/N条件下，细菌如何通过共培养方式改善微藻的生长、污染物的去除和脂质的积累也是需要解决的问题。因此，本研究旨在从转录组学的角度揭示在处理不同 C/N 沼液的过程中，$Desmodesmus$ sp. 和 $B.\ megaterium$ 之间相互关系的变化。

4.4.1　藻菌生物量及污染物去除

叶绿素含量的变化反映了 $Desmodesmus$ sp. 的生长。在沼液 L 和 H 中培养 5 d，$Desmodesmus$ sp. 纯培养体系和 $Ds\text{-}Bm$ 共培养体系中叶绿素含量均随培养时间的延长而增加。而 5 d 后，除了高 C/N 条件下的 $Ds\text{-}Bm$ 共培养体系维持稳定的生长，其他培养体系中叶绿素含量均下降[图 4 - 1(a)]。尽管沼液 H 中的 $Ds\text{-}Bm$ 共培养体系在第 3 天的叶绿素含量比 $Desmodesmus$ sp. 纯培养体系提高了 31%，但是两者的叶绿素含量在第 5 天达到了相似的最大值。沼液 L 中的 $Ds\text{-}Bm$ 共培养体系在培养 3 d 后的叶绿素含量持续高于(40%～103%)对应时期的 $Desmodesmus$ sp. 纯培养体系。上述结果表明，$Ds\text{-}Bm$ 共培养体系中的细菌在低 C/N 条件下比在高 C/N 条件下促进微藻生长的作用更明显。

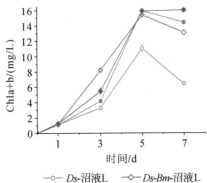

(a) 微藻体内叶绿素含量（Chla+b）的变化

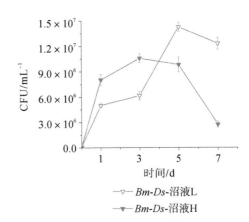

(b) 共培养体系中细菌菌落形成单位（CFU）

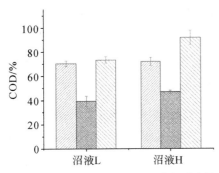

(c) 处理3 d后沼液中COD的相对含量

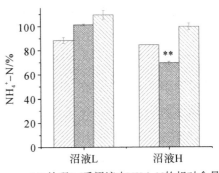

(d) 处理3 d后沼液中NH$_4^+$–N的相对含量

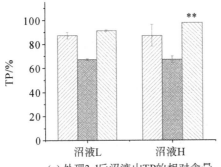

(e) 处理3 d后沼液中TP的相对含量

＊＊表示与沼液L相比，有极显著性差异，$p < 0.01$。

图 4–1 纯培养体系和共培养体系处理沼液 L 和 H 的过程

Ds-Bm 共培养体系中的细菌在早期也随着培养时间的延长而迅速增殖[图 4 - 1(b)]，表明 Ds-Bm 共培养体系中的微藻对细菌的生长也有促进作用。在共培养过程中微藻与细菌之间可能发生代谢互补和营养物质交换等生物相互作用[254]。沼液 L 和 H 中的 Ds-Bm 共培养体系的叶绿素含量在第 5 天达到了相似的最大值，但是当 C/N 从 106/80(沼液 L)调整至 106/16(沼液 H)时，Ds-Bm 共培养体系中微藻的生长在第 3 天出现明显的延迟。这可能是由于高 C/N(沼液 H)促进了细菌的快速生长，导致在共培养的早期细菌比微藻有更大的生长优势。而作为光合作用自养生物的微藻在较低 C/N 的情况下(沼液 L)，较细菌表现出较快的繁殖速率。Ds-Bm 共培养体系中 $B.$ $megaterium$ 的生长曲线验证了上述推论[图 4 - 1(b)]：在沼液 H 中，Ds-Bm 共培养体系中的细菌在培养早期迅速增殖；而在沼液 L 中，Ds-Bm 共培养体系中的细菌在培养早期生长较慢。上述结果再次验证，C/N 对藻菌共培养体系中的优势种有重要影响。

$Desmodesmus$ sp. 纯培养体系和 Ds-Bm 共培养体系均能有效处理不同 C/N沼液中的 COD[图 4 - 1(c)]。经 Ds-Bm 共培养体系处理 3 d 后的沼液 L 和 H 中 COD 的去除率分别为 61% 和 53%，比 $Desmodesmus$ sp. 纯培养体系分别提高了 104% 和 90%。C/N 比值的变化并未造成微藻纯培养体系对 COD 去除率的显著变化，同样未造成藻菌共培养体系对 COD 去除率的显著变化[图 4 - 1(c)]。各培养体系对 TP 的去除趋势与对 COD 的去除趋势相似[图 4 - 1(e)]。Ds-Bm 共培养体系不能去除沼液 L 中的 NH_4^+-N(图 4 - 1(d))。通过提高 C/N，Ds-Bm 共培养体系能处理沼液 H 中的 NH_4^+-N，处理 3 d 后 NH_4^+-N 的去除率为 31%，比 $Desmodesmus$ sp. 纯培养体系提高了 96%。正如第 3 章和图 4 - 1(d)研究结果所示，Ds-Bm 共培养体系中的微藻对于该体系能够高效去除 NH_4^+-N 起主要作用。低 C/N 和高 C/N 条件下的 $Desmodesmus$ sp. 纯培养体系对 NH_4^+-N 的去除率相似，因此低 C/N 和高 C/N 条件下的 Ds-Bm 共培养体系去除 NH_4^+-N 能力的差异应当归因于细菌部分。在高 C/N 条件下，$B.$ $megaterium$ 不能吸收任何 NH_4^+-N，在低 C/N 条件下，NH_4^+-N 含量反而增加。在沼液 L 中，$Desmodesmus$ sp. 纯培养体系对 NH_4^+-N 的去除率约为 10%，而 $B.$ $megaterium$ 纯培养体系释放约 10% 的 NH_4^+-N 则可以抵消微藻对 NH_4^+-N 的去除效果。在沼液 H 中，$B.$ $megaterium$ 纯培养体系既不释放也不吸收 NH_4^+-N。考虑到微藻在低 C/N 和高 C/N 条件下对 NH_4^+-N 的去除率相同，沼液 H 中 Ds-Bm 共培养体系对 NH_4^+-N 的去除率高于沼液 L，这可能是由于细菌自身对 NH_4^+-N 代谢能力的改变以及微藻与细菌之间相互关系的调整,从而提高了微藻对 NH_4^+-N 的利用。通过比较微藻纯培养体系/细菌纯培养体系与藻菌共培养体系的转录反应,来进一步描述微藻和细菌涉及的代谢途径以及它们对不同 C/N 比值的不同响应。

4.4.2　测序数据整理、过滤及质量评估

本研究中,利用 RNA-Seq 技术对 *Desmodesmus* sp. 纯培养,*B. megaterium* 纯培养和 *Ds-Bm* 共培养共计 18 个样品进行测序,平均生成 90 592 282 个 raw reads,过滤低质量 reads 后平均生成 89 841 491 个 clean reads。18 个测序文库中 raw reads 与 clean reads 的比值范围在 98% 至 100% 之间,说明 RNA-Seq 生成的这些数据足以用于基因表达的进一步定量分析。本研究所用的 18 个样本基因组 reads 的数据质量情况如表 4-2 所示。这些数据表明,本研究生成了 18 个高质量的文库。所有样品整体测序错误率均在 3% 以下,所有样品中碱基正确识别率为 99% 的序列均占 97% 以上。

所有原始数据已提交至 NCBI Sequence Read Archive(SRA)数据库,BioProject 登录号为 PRJNA 776115。

4.4.3　转录组序列拼接和聚类分析

对于没有参考基因组的微藻样本,在组装 clean reads 后,对转录本(transcript)及聚类序列(unigene)长度分别进行统计,共获得 116 551 个 transcript,98 565 个 unigene。具体分布情况结果如图 4-2 和表 4-3 所示。

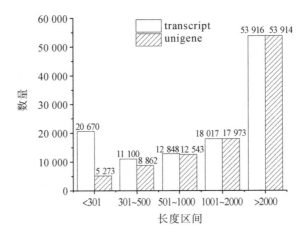

图 4-2　transcript 与 unigene 长度分布图

表 4-2 转录组数据产出质量统计

样品名称	raw reads 数量	clean reads 数量	clean reads 比例/%	Q20/%	定位到参考序列上的 reads 数	定位到参考序列上的 reads 数的比例/%
Ds1_L	90 411 932	89 037 168	98.48	98.49	76 750 039	86.20
Ds2_L	98 143 978	97 048 914	98.88	97.58	82 753 609	85.27
Ds3_L	87 912 356	87 014 966	98.98	97.81	74 893 781	86.07
DsBm1_L	95 955 380	95 955 380	100.00	97.75	82 790 302	86.28
DsBm2_L	93 764 046	93 764 046	100.00	97.84	81 030 889	86.42
DsBm3_L	78 887 648	78 887 648	100.00	98.40	66 289 291	84.03
Bm1_L	81 923 978	81 175 262	99.09	98.34	63 311 221	77.99
Bm2_L	86 124 914	84 921 650	98.60	98.22	64 838 251	76.35
Bm3_L	105 729 622	104 061 988	98.42	98.39	81 004 961	77.84
Ds1_H	99 746 908	98 721 800	98.97	98.30	83 400 177	84.48
Ds2_H	101 523 230	100 286 982	98.78	98.11	85 374 308	85.13
Ds3_H	83 936 328	82 261 408	98.00	98.44	71 246 605	86.61
DsBm1_H	77 749 678	77 749 678	100.00	98.47	69 733 686	89.69
DsBm2_H	95 150 022	95 150 022	100.00	97.84	84 835 760	89.16
DsBm3_H	97 155 782	97 155 782	100.00	98.52	87 352 764	89.91
Bm1_H	83 948 050	83 164 674	99.07	97.59	68 642 176	82.54
Bm2_H	92 600 512	91 588 604	98.91	98.57	74 574 937	81.42
Bm3_H	79 996 716	79 200 868	99.01	98.13	64 652 416	81.63

Q20：Phred 数值大于 20 的碱基占总碱基的百分比，碱基正确识别率为 99%。

表 4-3 transcript 与 unigene 长度分布情况表

指标	最短长度	平均长度	长度的中位数	最长长度	N50	N90	总数
transcript	201 bp	2 737 bp	1 730 bp	52 709 bp	5 163 bp	1 547 bp	116 551 个
unigene	201 bp	3 188 bp	2 308 bp	52 709 bp	5 240 bp	1 697 bp	98 565 个

N50/N90：将拼接转录本/聚类序列按照长度从长到短排序，累加的长度到不小于总长 50% 或 90% 时的最后一个累加上的拼接转录本/聚类序列的长度。

4.4.4 unigene 功能注释

统计 unigene 在七大数据库(Nr、Nt、Pfam、KOG/COG、Swiss-prot、KEGG 和 GO)中的注释成功率情况,结果如表 4-4 所示。在七大数据库中均注释成功的 unigene 约占 12%,在任何一个数据库中注释成功的 unigene 约占 83%。

表 4-4　基因注释成功率统计表

数据库	unigene 数量	unigene 比例/%
在 NR 数据库中注释成功	66 644	67.61
在 NT 数据库中注释成功	23 419	23.75
在 KO 数据库中注释成功	30 911	31.36
在 SwissProt 数据库中注释成功	50 198	50.92
在 PFAM 数据库中注释成功	72 518	73.57
在 GO 数据库中注释成功	72 518	73.57
在 KOG 数据库中注释成功	30 395	30.83
在以上 7 个数据库中都注释成功	12 122	12.29
在至少 1 个数据库中注释成功	81 372	82.55
unigene 总数	98 565	100.00

4.4.5 基因表达水平分析

用 FPKM 来计算基因的相对转录水平,本研究所用的 18 个样本 FPKM 区间的详细统计数据如表 4-5 和 4-6 所示。对于同一试验条件下的重复样品,最终的 FPKM 为所有重复数据的平均值。有参转录组当中,认为 $FPKM > 1$ 时基因是表达的;无参转录组当中,认为 $FPKM > 0.3$ 时基因是表达的。

表 4-5　真核生物样本 FPKM 区间统计表

样品名称	FPKM 区间					
	0~0.1	0.1~0.3	0.3~3.57	3.57~15	15~60	>60
Ds1_L	52 979 (53.75%)	14 881 (15.10%)	23 856 (24.20%)	5 009 (5.08%)	1 146 (1.16%)	694 (0.70%)
Ds2_L	54 809 (55.61%)	14 656 (14.87%)	21 234 (21.54%)	5 710 (5.79%)	1 417 (1.44%)	739 (0.75%)
Ds3_L	49 587 (50.31%)	14 919 (15.14%)	25 595 (25.97%)	6 144 (6.23%)	1 553 (1.58%)	767 (0.78%)
DsBm1_L	66 226 (67.19%)	11 047 (11.21%)	16 385 (16.62%)	3 393 (3.44%)	790 (0.80%)	724 (0.73%)
DsBm2_L	60 607 (61.49%)	12 561 (12.74%)	19 177 (19.46%)	4 413 (4.48%)	1 066 (1.08%)	741 (0.75%)
DsBm3_L	64 145 (65.08%)	10 433 (10.58%)	17 847 (18.11%)	4 336 (4.40%)	1 071 (1.09%)	733 (0.74%)
Ds1_H	59 680 (60.55%)	12 855 (13.04%)	18 590 (18.86%)	5 325 (5.40%)	1 384 (1.40%)	731 (0.74%)
Ds2_H	42 781 (43.40%)	14 396 (14.61%)	32 220 (32.69%)	6 485 (6.58%)	1 810 (1.84%)	873 (0.89%)
Ds3_H	55 075 (55.88%)	14 125 (14.33%)	21 756 (22.07%)	5 488 (5.57%)	1 374 (1.39%)	747 (0.76%)
DsBm1_H	62 618 (63.53%)	12 469 (12.65%)	17 779 (18.04%)	3 895 (3.95%)	1 012 (1.03%)	792 (0.80%)
DsBm2_H	61 317 (62.21%)	13 307 (13.50%)	17 994 (18.26%)	4 156 (4.22%)	1 020 (1.03%)	771 (0.78%)
DsBm3_H	57 752 (58.59%)	13 524 (13.72%)	18 588 (18.86%)	6 288 (6.38%)	1 589 (1.61%)	824 (0.84%)

表 4-6 原核生物样本 FPKM 区间统计表

样品名称	FPKM 区间				
	0～1	1～3	3～15	15～60	15～60
Bm1_L	1 532 (26.39%)	248 (4.27%)	804 (13.85%)	1 158 (19.95%)	2 063 (35.54%)
Bm2_L	1 498 (25.81%)	240 (4.13%)	704 (12.13%)	1 152 (19.84%)	2 211 (38.09%)
Bm3_L	1 513 (26.06%)	243 (4.19%)	723 (12.45%)	1 142 (19.67%)	2 184 (37.62%)
Bm1_H	1 671 (28.79%)	382 (6.58%)	934 (16.09%)	1 098 (18.91%)	1 720 (29.63%)
Bm2_H	1 664 (28.66%)	377 (6.49%)	936 (16.12%)	1 030 (17.74%)	1 798 (30.97%)
Bm3_H	1 697 (29.23%)	378 (6.51%)	943 (16.24%)	1 038 (17.88%)	1 749 (30.13%)

4.4.6 RNA-Seq 相关性检查

根据所有表达基因的 FPKM 值,计算 Pearson 相关值,进行样本间两两比较。RNA-Seq 相关性检查结果如图 4-3 所示。图中,R^2 为 Pearson 相关系数的平方,R^2 接近于 1 表示两个样本高度相似。最小值和最大值分别用白色和蓝色表示,用颜色梯度表示中间值。横坐标为样品 1 的 $\log_{10}$(FPKM+1),纵坐标为样品 2 的 $\log_{10}$(FPKM+1)。

本研究中所有样品(处理沼液 L 和 H 的 *Desmodesmus* sp. 纯培养,*B. megaterium* 纯培养和 *Ds-Bm* 共培养)的三个生物学重复样品间 R^2 均大于 0.8,符合转录组学试验要求,说明本研究的样本选择和试验过程是可靠的。

4.4.7 微藻和细菌相互作用的转录信息

4.4.1 中试验结果表明,微藻和细菌共同处理沼液时生物量均有所增加,并且与微藻纯培养体系和细菌纯培养体系相比,藻菌共培养体系对沼液的处理效率更高。因此,分析 *Desmodesmus* sp. 和 *B. megaterium* 相互作用过程中所涉及的代谢通路中的 DEGs,以探讨藻菌互作机制。

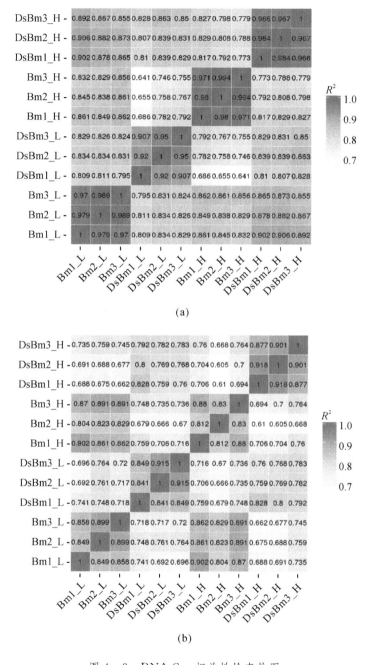

图 4-3 RNA-Seq 相关性检查热图

4.4.7.1　与细菌共培养后微藻体内的 DEGs

不同处理组之间鉴定出的 DEGs 数量如图 4-4 所示,上调表达的基因用红色表示,下调表达的基因用绿色表示。DsBm_L vs Ds_L 和 DsBm_H vs Ds_H 分别表示在沼液 L 和 H 中,与 *B. megaterium* 共培养后 *Desmodesmus* sp. 体内鉴定出的 DEGs;BmDs_L vs Bm_L 和 BmDs_H vs Bm_H 分别表示在沼液 L 和 H 中,与 *Desmodesmus* sp. 共培养后 *B. megaterium* 体内鉴定出的 DEGs;Ds_H vs Ds_L 和 DsBm_H vs DsBm_L 分别表示提高 C/N 后,纯培养 *Desmodesmus* sp. 体内和共培养 *Desmodesmus* sp. 体内鉴定出的 DEGs;Bm_H vs Bm_L 和 BmDs_H vs BmDs_L 分别表示提高 C/N 后,纯培养 *B. megaterium* 体内和共培养 *B. megaterium* 体内鉴定出的 DEGs。

在沼液 L 中与 *B. megaterium* 共培养后,*Desmodesmus* sp. 体内鉴定出 3 544 个 DEGs,其中 2 353 个显著上调,1 191 个显著下调(图 4-4 中 DsBm_L vs Ds_L)。上述 3 544 个 DEGs 在 109 条 KEGG 通路中富集。在沼液 H 中与 *B. megaterium* 共培养后,*Desmodesmus* sp. 体内鉴定出 4 678 个 DEGs,其中 2 263 个显著上调,2 415 个显著下调(图 4-4 中 DsBm_H vs Ds_H)。上述 4 678 个 DEGs 在 110 条 KEGG 通路中富集。说明无论在沼液 L 还是沼液 H 中,*B. megaterium* 均显著影响了 *Desmodesmus* sp. 的多种代谢通路。

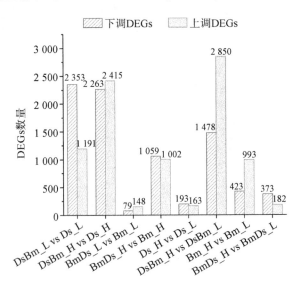

图 4-4　不同处理组之间鉴定出的 DEGs 数量

统计 DsBm_L vs Ds_L 和 DsBm_H vs Ds_H 的 DEGs 共同涉及的代谢通路，发现在沼液 L 和 H 中与 *B. megaterium* 共培养后，*Desmodesmus* sp. 体内的 DEGs 在 11 个代谢通路上显著富集，包括 9 个显著上调的代谢通路和 2 个显著下调的代谢通路（表 4-7）。显著上调的代谢通路属于 2 个 KEGG 类别：代谢（metabolism）和遗传信息过程（genetic information processing）。代谢包括能量代谢（carbon fixation in photosynthetic organisms 和 sulfur metabolism）、碳水化合物代谢（propanoate metabolism）、脂质代谢（fatty acid biosynthesis）和氨基酸代谢（valine，leucine and isoleucine degradation、cysteine and methionine metabolism 和 glycine，serine and threonine metabolism）。上述转录信息结果表明，在沼液 L 和 H 中细菌加快了微藻体内的碳代谢、氮代谢和脂质代谢等，从而促进了微藻的生长。

表 4-7 DEGs 显著富集的代谢通路

KEGG 代谢通路		DsBm_L vs Ds_L		DsBm_H vs Ds_H	
		p	DEGs 数量	p	DEGs 数量
上调	光合生物中的碳固定 carbon fixation in photosynthetic organisms	3.39E−08	46	9.88E−03	25
	硫代谢 sulfur metabolism	5.45E−04	17	6.06E−05	17
	丙酸盐代谢 propanoate metabolism	2.75E−02	18	1.00E−02	17
	脂肪酸生物合成 fatty acid biosynthesis	6.67E−04	20	1.12E−03	17
	缬氨酸、亮氨酸和异亮氨酸降解 valine，leucine and isoleucine degradation	2.52E−05	29	1.04E−04	24
	半胱氨酸和蛋氨酸代谢 cysteine and methionine metabolism	4.11E−03	25	2.25E−02	19
	甘氨酸、丝氨酸和苏氨酸代谢 glycine，serine and threonine metabolism	2.38E−03	29	2.88E−02	21
	生物素代谢 biotin metabolism	6.29E−05	13	8.98E−06	13
	核糖体 ribosome	1.32E−06	52	2.31E−08	50
下调	内质网中的蛋白质加工 protein processing in endoplasmic reticulum	4.92E−02	19	5.38E−07	49
	ATP 结合匣式转运蛋白 ABC transporters	4.01E−02	8	2.21E−02	13

注：DsBm_L vs Ds_L 和 DsBm_H vs Ds_H 共有，$p<0.05$。

KEGG 路径数据库整合了大量生物学途径路径图,用于研究代谢、遗传和环境信息过程、细胞过程等分子相互作用[255]。为了较清楚地解释 *B. megaterium* 对 *Desmodesmus* sp. 的作用机制,本研究对图 4-4 中不同培养条件下微藻体内的 DEGs 进行分析,重新绘制了藻菌互作相关的 KEGG 代谢通路图(图 4-5),相关 DEGs 的注释及表达变化见表 4-8 至表 4-11。

微藻在光照条件下能够混合营养生长,既能对有机碳进行异养降解,又能对 CO_2 进行自养固定。本研究重点分析在沼液 L 和 H 中,与细菌共培养后,微藻体内 DEGs 涉及的以下几个代谢通路(图 4-5)。

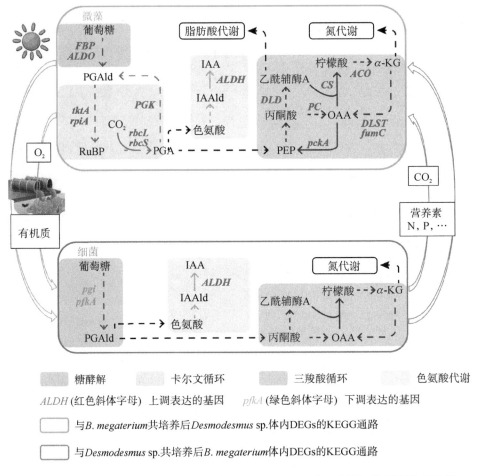

图 4-5　微藻(*Desmodesmus* sp.)和细菌(*B. megaterium*)体内 DEGs 的 KEGG 通路图

表 4-8 不同培养条件下糖酵解途径相关 DEGs 的注释和表达变化

EC 编号	KO 条目	KO 名称	KO 定义	gene 名称	$\log_2$(Fold change)	q
在沼液 L 中与细菌共培养后微藻体内的 DEGs(DsBm_L vs Ds_L)						
3.1.3.11	K03841	FBP	果糖-1,6-二磷酸酶 I fructose-1,6-bisphosphatase I	Cluster-8171.43139	2.665 6	5.56E-08
				Cluster-8171.43140	3.288 0	2.54E-11
4.1.2.13	K01623	ALDO	果糖二磷酸醛缩酶,I 类 fructose-bisphosphate aldolase, class I	Cluster-8171.41043	3.813 4	2.50E-05
				Cluster-8171.41042	2.574 1	2.48E-15
				Cluster-8171.44702	3.023 1	1.15E-04
				Cluster-8171.44001	3.355 7	8.45E-23
在沼液 H 中与细菌共培养后微藻体内的 DEGs(DsBm_H vs Ds_H)						
3.1.3.11	K03841	FBP	果糖-1,6-二磷酸酶 I fructose-1,6-bisphosphatase I	Cluster-8171.43139	2.520 5	5.56E-04
4.1.2.13	K01623	ALDO	果糖二磷酸醛缩酶,I 类 fructose-bisphosphate aldolase, class I	Cluster-8171.41042	2.216 7	1.03E-02
				Cluster-8171.44001	2.752 0	1.96E-03
在沼液 H 中与微藻共培养后细菌体内的 DEGs(BmDs_H vs Bm_H)						
5.3.1.9	bmq:BMQ_4937	pgi	葡萄糖-6-磷酸异构酶 glucose-6-phosphate isomerase	BMQ_4937	-1.678 3	1.01E-04
2.7.1.11	bmq:BMQ_3992	pfkA	6-磷酸果糖激酶 6-phosphofructokinase	BMQ_3992	-1.725 6	1.27E-04

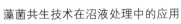

表 4 - 9 不同培养条件下卡尔文循环相关 DEGs 的注释和表达变化

EC编号	KO条目	KO名称	KO定义	gene名称	$\log_2$(Fold change)	q
在沼液 L 中与细菌共培养后微藻体内的 DEGs(DsBm_L vs Ds_L)						
4.1.1.39	K01601	rbcL	核酮糖二磷酸羧化酶大链 ribulose-bisphosphate carboxylase large chain	Cluster-8171.47472	1.321 3	1.95E-04
				Cluster-8171.43893	1.339 3	3.25E-05
				Cluster-8171.46979	1.336 7	2.27E-05
				Cluster-8171.43880	1.242 2	2.76E-03
				Cluster-8171.45295	1.384 1	2.33E-03
	K01602	rbcS	核酮糖二磷酸羧化酶小链 ribulose-bisphosphate carboxylase small chain	Cluster-8171.43993	2.740 7	4.92E-22
				Cluster-8171.44157	2.684 7	2.66E-34
				Cluster-8171.43649	2.689 9	1.11E-25
				Cluster-8171.49318	2.830 0	3.55E-12
				Cluster-8171.44019	2.687 8	7.01E-43
2.7.2.3	K00927	PGK	磷酸甘油酸激酶 phosphoglycerate kinase	Cluster-8171.43746	2.615 9	1.00E-04
				Cluster-8171.85126	14.455 0	8.65E-33
				Cluster-8171.44766	1.397 7	4.65E-02
2.2.1.1	K00615	tktA	转酮醇酶 transketolase	Cluster-8171.85216	15.199 0	4.82E-21
				Cluster-8171.85802	10.516 0	1.40E-07
				Cluster-8171.43645	2.325 4	4.47E-18
5.3.1.6	K01807	rpiA	核糖 5-磷酸异构酶 A ribose 5-phosphate isomerase A	Cluster-8171.85139	12.492 0	2.46E-21

续表

EC 编号	KO 条目	KO 名称	KO 定义	gene 名称	$\log_2$ (Fold change)	q
在沼液 H 中与细菌共培养后硅藻体内的 DEGs(DsBm_H vs Ds_H)						
4.1.1.39	K01602	rbcS	核酮糖二磷酸羧化酶小链 ribulose-bisphosphate carboxylase small chain	Cluster-8171.43649	2.049 3	2.57E−02
				Cluster-8171.44019	1.883 9	3.94E−02
2.7.2.3	K00927	PGK	磷酸甘油酸激酶 phosphoglycerate kinase	Cluster-8171.85126	15.776 0	5.78E−109
2.2.1.1	K00615	tktA	转酮醇酶 transketolase	Cluster-8171.85216	16.066 0	1.22E−27
				Cluster-8171.43645	2.413 6	3.49E−04
				Cluster-8171.85802	12.776 0	1.95E−15
5.3.1.6	K01807	rpiA	核糖 5-磷酸异构酶 A ribose 5-phosphate isomerase A	Cluster-8171.85139	14.629 0	2.33E−32

表 4 - 10 不同培养条件下色氨酸代谢相关 DEGs 的注释和表达变化

EC 编号	KO 条目	KO 名称	KO 定义	gene 名称	$\log_2$ (Fold change)	q
在沼液 L 中与细菌共培养后微藻体内的 DEGs(DsBm_L vs Ds_L)						
1.2.1.3	K00128	ALDH	乙醛脱氢酶(NAD+) aldehyde dehydrogenase(NAD+)	Cluster-8171.85468	12.370 0	4.58E-12
				Cluster-8171.2789	15.944 0	7.75E-25
				Cluster-8171.85255	16.352 0	1.94E-42
在沼液 H 中与细菌共培养后微藻体内的 DEGs(DsBm_H vs Ds_H)						
1.2.1.3	K00128	ALDH	乙醛脱氢酶(NAD+) aldehyde dehydrogenase (NAD+)	Cluster-8171.85468	14.725 0	6.90E-22
在沼液 L 中与微藻共培养后细菌体内的 DEGs(BmDs_L vs Bm_L)						
1.2.1.3	bmq:BMQ_2374	ALDH	乙醛脱氢酶(NAD)家族蛋白 aldehyde dehydrogenase(NAD) family protein	BMQ_2374	3.426 4	4.90E-02
在沼液 H 中与微藻共培养后细菌体内的 DEGs(BmDs_H vs Bm_H)						
1.2.1.3	bmq:BMQ_2374	ALDH	乙醛脱氢酶(NAD)家族蛋白 aldehyde dehydrogenase(NAD) family protein	BMQ_2374	1.412 3	4.08E-02
	bmq:BMQ_1564			BMQ_1564	3.961 2	2.83E-18
	bmq:BMQ_3373			BMQ_3373	3.783 0	3.02E-15
提高 C/N 后共培养体系中微藻体内的 DEGs(DsBm_H vs DsBm_L)						
1.2.1.3	K00128	ALDH	乙醛脱氢酶(NAD+) aldehyde dehydrogenase(NAD+)	Cluster-8171.85468	3.147 5	3.06E-04
提高 C/N 后共培养体系中细菌体内的 DEGs(BmDs_H vs BmDs_L)						
1.2.1.3	bmq:BMQ_1564	ALDH	乙醛脱氢酶(NAD)家族蛋白 aldehyde dehydrogenase(NAD) family protein	BMQ_1564	4.227 8	2.94E-11
	bmq:BMQ_3373			BMQ_3373	2.172 8	2.32E-03

表4-11 不同培养条件下三羧酸循环相关DEGs的注释和表达变化

EC编号	KO条目	KO名称	KO定义	gene名称	$\log_2$(Fold change)	q
在沼液L中与细菌共培养后微藻体内的DEGs(DsBm_L vs Ds_L)						
2.3.3.1	K01647	CS	柠檬酸合酶 citrate synthase	Cluster-8171.51872	2.223 3	5.04E-08
4.2.1.3	K01681	ACO	乌头酸水合酶 aconitate hydratase	Cluster-8171.53147	3.237 4	2.79E-03
				Cluster-8171.85303	12.928 0	9.83E-32
				Cluster-8171.36369	1.107 9	2.41E-04
2.3.1.61	K00658	DLST	2-氧戊二酸脱氢酶 E2组分 2-oxoglutarate dehydrogenase E2 component	Cluster-8171.31940	1.970 7	2.80E-04
4.2.1.2	K01679	fumC	延胡索酸水合酶，II类 fumarate hydratase, class II	Cluster-8171.85170	12.421 0	3.14E-12
				Cluster-8171.44390	2.182 8	5.92E-07
				Cluster-8171.46728	1.617 9	2.93E-02
4.1.1.49	K01610	pckA	磷酸烯醇丙酮酸羧激酶（ATP） phosphoenolpyruvate carboxykinase (ATP)	Cluster-8171.10178	1.965 1	1.41E-03
				Cluster-8171.10521	8.860 6	1.88E-04
				Cluster-8171.53049	1.703 3	3.17E-02
				Cluster-8171.34539	2.776 2	1.30E-06
				Cluster-8171.85149	16.241 0	3.58E-26
				Cluster-8171.34542	2.908 0	3.29E-03
				Cluster-8171.10519	7.458 2	1.88E-02
				Cluster-8171.10515	4.613 9	3.14E-24
6.4.1.1	K01958	PC	丙酮酸羧化酶 pyruvate carboxylase	Cluster-8171.85164	14.149 0	3.58E-17
1.8.1.4	K00382	DLD	二氢硫辛酰胺脱氢酶 dihydrolipoamide dehydrogenase	Cluster-8171.2849	16.291 0	1.32E-25
				Cluster-8171.85246	14.466 0	2.43E-18

续表

在沼液 H 中与细菌共培养后微藻体内的 DEGs（DsBm_H vs Ds_H）

EC 编号	KO 条目	KO 名称	KO 定义	gene 名称	log₂(Fold change)	q
2.3.3.1	K01647	CS	柠檬酸合酶 citrate synthase	Cluster-8171.33981	1.266 5	3.66E−03
				Cluster-8171.51872	1.567 6	1.31E−02
4.2.1.3	K01681	ACO	乌头酸水合酶 aconitate hydratase	Cluster-8171.36369	1.580 6	4.84E−03
				Cluster-8171.85303	16.396 0	3.20E−29
2.3.1.61	K00658	DLST	2-氧戊二酸脱氢酶 E2 组分 2-oxoglutarate dehydrogenase E2 component	Cluster-8171.31940	1.368 9	6.26E−03
4.2.1.2	K01679	fumC	延胡索酸水合酶·II 类 fumarate hydratase, class II	Cluster-8171.85170	14.956 0	4.00E−22
				Cluster-8171.44390	2.406 1	2.34E−07
				Cluster-8171.23822	1.176 9	2.43E−02
				Cluster-8171.34539	2.453 5	3.44E−03
4.1.1.49	K01610	pckA	磷酸烯醇丙酮酸羧激酶（ATP） phosphoenolpyruvatecarboxykinase(ATP)	Cluster-8171.85149	13.978 0	1.09E−25
				Cluster-8171.34542	2.739 3	1.64E−05
				Cluster-8171.10518	6.821 7	1.93E−02
6.4.1.1	K01958	PC	丙酮酸羧化酶 pyruvate carboxylase	Cluster-8171.85164	15.622 0	1.26E−25
1.8.1.4	K00382	DLD	二氢硫辛酰胺脱氢酶 dihydrolipoamide dehydrogenase	Cluster-8171.85246	15.315 0	3.03E−33
				Cluster-8171.85220	13.311 0	8.52E−17
				Cluster-8171.2849	16.185 0	2.50E−40

（1）糖酵解（glycolysis）：葡萄糖（glucose）经系列反应产生 3-磷酸甘油醛（glyceraldehydE-3-phosphate，PGAld）。本研究中，*Desmodesmus* sp. 体内的果糖-1，6-二磷酸酶基因 *FBP* 和果糖-二磷酸醛缩酶基因 *ALDO* 均上调表达。基因 *FBP* 和 *ALDO* 的产物负责在糖酵解过程中将 glucose 转化为 PGAld。结果表明，与 *B. megaterium* 共培养促进了 *Desmodesmus* sp. 对有机碳的分解。

（2）卡尔文循环（Calvin cycle）：碳以 CO_2 形态进入，以糖的形态（PGAld）离开。在该循环中，二磷酸核酮糖羧化酶催化 1，5-二磷酸核酮糖（ribulose-1，5-bisphosphate，RuBP）固定 CO_2 生成 2 分子 3-磷酸甘油酸（glycerate 3-phosphate，PGA）。然后磷酸甘油酸激酶、转酮醇酶和磷酸核糖异构酶催化 PGA 再生成 RuBP。已有研究表明，二磷酸核酮糖羧化酶是第一个参与卡尔文循环来决定光合作用中碳同化速率的酶[256-257]。若促进该酶的活性，则促进了光合作用中碳固定[258]。本研究中，*Desmodesmus* sp. 体内的二磷酸核酮糖羧化酶基因 *rbcL* 和 *rbcS*、磷酸甘油酸激酶基因 *PGK*、转酮醇酶基因 *tktA* 和磷酸核糖异构酶基因 *rpiA* 均上调表达。结果表明，与 *B. megaterium* 共培养加强了 *Desmodesmus* sp. 对 CO_2 的固定。在沼液 L 和 H 中，共培养 *Desmodesmus* sp. 体内与糖酵解和卡尔文循环相关的上述基因表达水平相似，说明共培养 *Desmodesmus* sp. 异养利用葡萄糖和自养固定 CO_2 能力的增强与沼液组成的变化无关。上述结果清楚地表明，*B. megaterium* 在转录水平上促进了 *Desmodesmus* sp. 对碳源的混合营养利用，从而加强了藻菌共培养体系中细胞的生长。

（3）三羧酸循环（TCA cycle）：是糖、脂、蛋白质，乃至核酸代谢、联络与转化的枢纽。本研究中，*Desmodesmus* sp. 体内参与柠檬酸（citrate）合成的柠檬酸合成酶基因 *CS*、参与异柠檬酸（isocitrate）合成的乌头酸水合酶基因 *ACO* 以及参与由 α-KG 合成草酰乙酸（oxaloacetic acid，OAA）的酮戊二酸脱氢酶基因 *DLST* 和延胡索酸水合酶基因 *fumC* 均上调表达。此外，参与由丙酮酸（pyruvate）合成 OAA 的丙酮酸羧化酶基因 *PC* 也上调表达。结果表明，与 *B. megaterium* 共培养促进了 *Desmodesmus* sp. 体内的三羧酸循环，活跃的能量代谢能够为微藻的生长和繁殖提供必需的能量[258]。

（4）IAA 合成。IAA 是一种重要的植物激素，目前尚未明确微藻能否合成 IAA，但是在多种大型藻类和绿藻中能够检测到 IAA[259]。IAA 的合成有多条途径，其中乙醛脱氢酶（aldehyde dehydrogenase），也叫乙醛氧化酶（aldehyde oxidase），可以将吲哚-3-乙醛（indole-3-acetaldehyde，IAAld）转化为 IAA[260]。

本书研究中，*Desmodesmus* sp. 体内乙醛脱氢酶基因 *ALDH* 上调表达。结果表明，与 *B. megaterium* 共培养促进了 *Desmodesmus* sp. 体内的 IAA 合成。IAA 的增加可促进微藻的生长[261]。刘鹭分析微藻和酵母相互作用机制时同样发现，共培养的微藻体内乙醛脱氢酶基因 *ALDH*（c4510_g1）上调表达，该酶可将 IAAld 转化为 IAA，推测微藻与酵母互作的过程中通过色氨酸途径提高微藻内源 IAA 的合成[262]。Fei 等人报道了另一种将 IAAld 转化为 IAA 的关键氧化酶（indole-3-acetaldehyde oxidase），在藻菌共培养体系中该酶基因上调表达[263]。在这些代谢途径不完全的绿藻中，IAA 可能来源于其近端细菌的共生代谢物，也可能是由其共生细菌提供缺失的 IAA 前体而合成的[264]。因此，共培养体系中 *Desmodesmus* sp. 体内乙醛脱氢酶基因 *ALDH* 的上调表明 *Desmodesmus* sp. 可能是利用 *B. megaterium* 产生的 IAA 前体（如 IAAld）来合成 IAA，也可能是 *B. megaterium* 促进了 *Desmodesmus* sp. 内源 IAA 的合成。需进一步分析 *B. megaterium* 的 IAA 代谢通路（见 4.4.7.2）。

4.4.7.2　与微藻共培养后细菌体内的 DEGs

在沼液 L 中与 *Desmodesmus* sp. 共培养后，*B. megaterium* 体内鉴定出 227 个 DEGs，其中 79 个显著上调，148 个显著下调（图 4-4 中 BmDs_L vs Bm_L）。上述 227 个 DEGs 在 51 条 KEGG 通路中富集。在沼液 H 中与 *Desmodesmus* sp. 共培养后，*B. megaterium* 体内鉴定出 2 061 个 DEGs，其中 1 059 个显著上调，1 002 个显著下调（图 4-4 中 BmDs_H vs Bm_H）。上述 2 061 个 DEGs 在 93 条 KEGG 通路中富集。说明 *Desmodesmus* sp. 影响了 *B. megaterium* 的多种代谢通路，并且在沼液 H 中 *Desmodesmus* sp. 诱导的 *B. megaterium* 代谢的变化比在沼液 L 中更为活跃。

统计 BmDs_L vs Bm_L 和 BmDs_H vs Bm_H 的 DEGs 共同涉及的代谢通路，发现在沼液 L 和 H 中与 *Desmodesmus* sp. 共培养后，*B. megaterium* 体内的 DEGs 在 4 个代谢通路上显著富集，包括 3 个显著上调的代谢通路和 1 个显著下调的代谢通路（表 4-12）。显著上调的代谢通路包括碳水化合物代谢（citrate cycle 和 pyruvate metabolism）和氨基酸代谢（beta-alanine metabolism）。上述转录信息结果表明，在沼液 L 和 H 中微藻加快了细菌体内的碳代谢和氮代谢等，从而促进了细菌的生长。此外，在沼液 H 中，微藻显著上调了细菌在不同环境下的代谢通路（microbial metabolism in diverse environments），说明在沼液 H 中与微藻共培养更有利于细菌的生长，与图 4-1(b) 试验结果一致。同时在沼液 H 中,微藻显著下调了细菌的鞭毛组装代谢通路(flagellar assembly),鞭毛是细菌的运动器官,鞭毛组装通路的下调表明细菌的运动性减缓,有利于藻菌共培养体系的稳定[265]。

表 4 - 12　DEGs 显著富集的代谢通路

	KEGG 代谢通路	BmDs_L vs Bm_L		BmDs_H vs Bm_H	
		p	DEGs 数量	p	DEGs 数量
上调	柠檬酸循环 citrate cycle	2.03E−03	4	4.08E−02	9
	丙酮酸代谢 pyruvate metabolism	3.07E−03	5	6.32E−03	17
	β-丙氨酸代谢 beta-alanine metabolism	4.72E−02	2	3.61E−02	7
下调	不同环境下的微生物代谢 microbial metabolism in diverse environments	—	—	1.08E−02	49
	硫胺素代谢 thiamine metabolism	4.77E−04	5	6.54E−03	12
	鞭毛组装 flagellar assembly	—	—	1.31E−04	26

注:BmDs_L vs Bm_L 和 BmDs_H vs Bm_H 共有,$p<0.05$。

为了较清楚地解释 *Desmodesmus* sp. 对 *B. megaterium* 的作用机制,本研究对图 4-4 中不同培养条件下细菌体内的 DEGs 进行分析,重新绘制了藻菌互作相关的 KEGG 代谢通路图(图 4-5),相关 DEGs 的注释及表达变化见表 4-8 至表 4-11。

本研究重点分析在沼液 L 和 H 中,与微藻共培养后,细菌体内 DEGs 涉及的以下几个代谢通路(图 4-5)。

(1)糖酵解(glycolysis)。本研究中,沼液 H 中的 *B. megaterium* 体内的葡萄糖-6-磷酸异构酶基因 *pgi* 和 6-磷酸果糖激酶基因 *pfkA* 均下调表达。基因 *pgi* 和 *pfkA* 的产物负责在糖酵解过程中将 glucose 转化为 PGAld。结果表明,与 *Desmodesmus* sp. 共培养减缓了 *B. megaterium* 对有机碳的分解。而沼液 L 中的 *B. megaterium* 体内的相关基因没有显著差异表达。该结果从转录组学角度部分解释了 *Ds-Bm* 共培养体系对沼液 H 中 COD 去除率较沼液 L 稍低的原因。

（2）IAA 合成。研究表明细菌能够分泌 IAA[176,266]。本研究中，*B. megaterium* 体内参与 IAA 合成的乙醛脱氢酶基因 *ALDH* 上调表达。结果表明，与 *Desmodesmus* sp. 共培养促进了 *B. megaterium* 体内的 IAA 合成。Xie 等人研究发现 *Azospirillum Brasilense* Yu62 中的基因 *aldA* 与多种细菌中的乙醛脱氢酶基因具有显著的同源性，基因 *aldA* 的突变会导致 IAA 产量减少[267]。结合 4.4.7.1 中 *Desmodesmus* sp. 的 IAA 代谢通路发现，与纯培养体系相比，共培养的微藻和共培养的细菌体内由 IAAld 生成 IAA 的通路均上调。此外提高 C/N 后，共培养体系中微藻和细菌体内该通路同样上调（表 4 - 10 中 DsBm_H vs DsBm_L 与 BmDs_H vs BmDs_L）。并且各培养体系中细菌 IAAld 合成通路未检测到 DEGs。以上结果表明，微藻和细菌均利用 IAAld 前体生成 IAA，与微藻共培养或提高 C/N 后细菌 IAAld 合成未上调。说明本研究中的 *Desmodesmus* sp. 和 *B. megaterium* 体内均鉴定到完整的色氨酸合成 IAA 的途径。有研究表明，IAA 能够作为植物和微生物的相互作用信号分子，通过调控基因转录进而调控生长[268]。因此，本研究中的 *Desmodesmus* sp. 和 *B. megaterium* 可能利用各自 IAA 促进彼此生长。

综上所述，转录组学研究结果显示，*Desmodesmus* sp. 和 *B. megaterium* 在共同处理沼液的早期过程中，存在互利共生关系，促进彼此生物量增长及污染物去除。与前述生理试验结果一致（图 4 - 1）。

4.4.8 微藻和细菌 NH_4^+-N 代谢的转录信息

4.4.1 中试验结果表明，Ds-Bm 共培养体系不能去除低 C/N 沼液 L 中的 NH_4^+-N，但对高 C/N 沼液 H 中的 NH_4^+-N 有较好的去除效果。在高 C/N 条件下，藻菌共培养体系对 NH_4^+-N 去除的改善可能是由于细菌停止分泌 NH_4^+-N，并且微藻和细菌相互作用发生变化，有利于微藻利用 NH_4^+-N。为了阐明微藻和细菌联合培养中 NH_4^+-N 代谢的具体转录调控，本研究对藻菌共培养体系和微藻纯培养体系/细菌纯培养体系中涉及的 DEGs 进行分析。

提高 C/N 后，纯培养 *Desmodesmus* sp. 体内鉴定出 356 个 DEGs，其中 193 个显著上调，163 个显著下调（图 4 - 4 中 Ds_H vs Ds_L）。上述 356 个 DEGs 在 56 条 KEGG 通路中富集。共培养 *Desmodesmus* sp. 体内鉴定出 4 328 个 DEGs，其中 1 478 个显著上调，2 850 个显著下调（图 4 - 4 中 DsBm_H vs DsBm_L）。上述 4 328 个 DEGs 在 111 条 KEGG 通路中富集。说明当 C/N 变化时，与纯培养

Desmodesmus sp.相比，C/N诱导了共培养*Desmodesmus* sp.更动态的转录反应。

分别统计DsBm_H vs DsBm_L和Ds_H vs Ds_L的DEGs涉及的属于代谢(metabolism)类别的KEGG通路发现，提高C/N后共培养微藻体内(DsBm_H vs DsBm_L)有9个该类别通路显著上调，包括能量代谢、聚糖代谢、脂质代谢、氨基酸代谢和维生素代谢；有15个该类别通路显著下调，包括碳水化合物代谢、聚糖代谢、脂质代谢和氨基酸代谢(表4-13)。上述转录信息结果表明，高C/N诱导的共培养微藻体内代谢的变化十分活跃，包括碳代谢、氮代谢和脂质代谢等。值得关注的是高C/N显著下调了共培养微藻的碳代谢，部分解释了*Ds-Bm*共培养体系对沼液H中COD去除率较低的原因。

表4-13 DEGs显著富集的代谢通路($p<0.05$)

(a)DsBm_H vs DsBm_L

KEGG分类		KEGG代谢通路	DsBm_H vs DsBm_L	
			p	DEGs数量
上调	能量代谢 energy metabolism	硫代谢 sulfur metabolism	1.63E−02	8
	多糖代谢 glycan metabolism	糖基磷脂酰肌醇锚着点生物合成 GPI-anchor biosynthesis	1.17E−02	6
	脂质代谢 lipid metabolism	脂肪酸生物合成 fatty acid biosynthesis	1.30E−03	12
		不饱和脂肪酸生物合成途径 biosynthesis of unsaturated fatty acids	5.44E−03	11
	氨基酸代谢 amino acid metabolism	丙氨酸、天冬氨酸和谷氨酸代谢 alanine, aspartate and glutamate metabolism	2.77E−02	13
	维生素代谢 vitamin metabolism	生物素代谢 biotin metabolism	9.52E−06	10
		维生素B6代谢 vitamin B6 metabolism	5.63E−04	5
		硫胺素代谢 thiamine metabolism	5.71E−04	6
		叶酸一碳库 one carbon pool by folate	1.68E−03	8

KEGG 分类	KEGG 代谢通路	DsBm_H vs DsBm_L	
		p	DEGs 数量
碳水化合物代谢 carbohydrate metabolism	乙醛酸盐和二羧酸盐代谢 glyoxylate and dicarboxylate metabolism	1.37E−05	38
	淀粉和蔗糖代谢 starch and sucrose metabolism	1.62E−03	33
	果糖和甘露糖代谢 fructose and mannose metabolism	1.49E−02	14
	半乳糖代谢 galactose metabolism	2.37E−02	17
多糖代谢 glycan metabolism	鞘糖脂生物合成 glycosphingolipid biosynthesis	9.57E−03	4
	糖胺聚糖降解 glycosaminoglycan degradation	2.99E−02	3
脂质代谢 lipid metabolism	α-亚麻酸代谢 alpha-linolenic acid metabolism	1.73E−03	12
	脂肪酸降解 fatty acid degradation	3.57E−03	16
	亚油酸代谢 linoleic acid metabolism	1.58E−02	4
	不饱和脂肪酸生物合成途径 biosynthesis of unsaturated fatty acids	3.05E−02	14
氨基酸代谢 amino acid metabolism	缬氨酸、亮氨酸和异亮氨酸降解 valine, leucine and isoleucine degradation	1.27E−03	22
	甘氨酸、丝氨酸和苏氨酸代谢 glycine, serine and threonine metabolism	2.75E−03	26
	β-丙氨酸代谢 beta-alanine metabolism	6.17E−03	13
	精氨酸和脯氨酸代谢 arginine and proline metabolism	2.33E−02	15
	丙氨酸、天冬氨酸和谷氨酸代谢 alanine, aspartate and glutamate metabolism	3.44E−02	20

下调

表 4-13 DEGs 显著富集的代谢通路($p<0.05$)

(b)Ds_H vs Ds_L

KEGG 分类	KEGG 代谢通路	Ds_H vs Ds_L	
		p	DEGs 数量
上调 核苷酸代谢 nucleotide metabolism	嘌呤代谢 purine metabolism	1.23E−02	6
碳水化合物代谢 carbohydrate metabolism	抗坏血酸和醛酸盐代谢 ascorbate and aldarate metabolism	4.80E−02	2
下调 核苷酸代谢 nucleotide metabolism	嘌呤代谢 purine metabolism	8.73E−03	6
维生素代谢 vitamin metabolism	烟酸和烟酰胺代谢 nicotinate and nicotinamide metabolism	4.24E−02	2

本研究的沼液中含 4 种氮源：NH_4^+-N、urea−N、NO_3^--N 和 NO_2^--N，均可被微藻利用。有研究发现，当培养体系中同时存在上述氮源时，微藻优先利用 NH_4^+-N[269-270]。由于 NH_4^+-N 带正电荷而微藻细胞膜带负电荷，所以 NH_4^+-N 更容易进入微藻细胞，可以不经还原直接合成氨基酸[271]。高浓度的 NH_4^+-N 会抑制 NO_3^--N/NO_2^--N 的吸收，因此胞外 NO_3^--N/NO_2^--N 还原生成的 NH_4^+-N 可以忽略不计，不作为微藻的 NH_4^+-N 生成来源。为了较清楚地解释 C/N 对 *Desmodesmus* sp. 体内 NH_4^+-N 代谢的影响，本研究对图 4-4 中不同培养条件下微藻体内的 DEGs 进行分析，重新绘制了微藻 NH_4^+-N 代谢相关的 KEGG 代谢通路图[图 4-6(a)]，相关 DEGs 的注释及表达变化见表4-15。

提高 C/N 后，纯培养 *Desmodesmus* sp.[图 4-6(a)中 Ds_H vs Ds_L]体内 NH_4^+-N 吸收、尿素生成 NH_4^+-N 以及 NH_4^+-N 同化生成 Glu 的代谢过程中均无 DEGs 参与，表明 C/N 对纯培养 *Desmodesmus* sp. 体内 NH_4^+-N 的吸收和同化没有影响。与图 4-1(d)结果一致，*Desmodesmus* sp. 纯培养体系对沼液 L 和 H 中 NH_4^+-N 的去除率相似。对于共培养 *Desmodesmus* sp.[图 4-6(a)中 DsBm_H vs DsBm_L]，提高 C/N 后，尽管尿素利用率不受影响，沼液 H 和 L 中脲酶的转录丰度相似，但 NH_4^+-N 同化受到显著的调节。NH_4^+-N 同化主要包括两个途径[272]：第一个是 GS/GOGAT 途径。NH_4^+-N 被 GS 和 GOGAT 依次催化生成 Glu。GOGAT 是这个反应的限速酶[273]。第二个是 GDH 途径。NH_4^+-N 被 GDH 催化生成 Glu。提高 C/N 后，共培养 *Desmodesmus* sp.

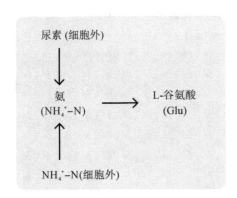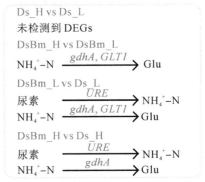

(a) 微藻体内

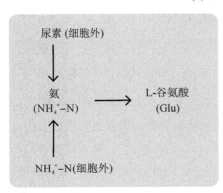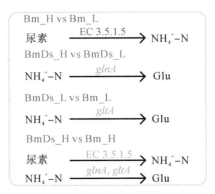

(b) 细菌体内

图 4-6 提高 C/N 后,不同培养条件下 NH_4^+-N 代谢相关 DEGs 的 KEGG 通路图

注:上调表达的基因用红色表示,下调表达的基因用绿色表示。

体内的谷氨酸合成酶基因 *GLT1* 和谷氨酸脱氢酶基因 *gdhA* 上调表达,表明在高 C/N 条件下共培养 *Desmodesmus* sp. 体内 GOGAT 催化的 NH_4^+-N 同化途径以及 GDH 催化的 NH_4^+-N 同化途径均显著增强。NH_4^+-N 同化的增强可以解释 *Ds-Bm* 共培养体系有效去除沼液 H 中的 NH_4^+-N[图 4-1 (d)]。

提高 C/N 后,纯培养 *B. megaterium* 体内鉴定出 1 416 个 DEGs,其中 423 个显著上调,993 个显著下调(图 4-4 中 Bm_H vs Bm_L)。上述 1 416 个 DEGs 在 87 条 KEGG 通路中富集。共培养 *B. megaterium* 体内鉴定出 555 个 DEGs,其中 373 个显著上调,182 个显著下调(图 4-4 中 BmDs_H vs BmDs_L)。上述 555 个 DEGs 在 72 条 KEGG 通路中富集。增加 C/N 后,纯培养 *B. megaterium* 体内 DEGs 的含量比共培养 *B. megaterium* 多出近 2 倍。

分别统计 Bm_H vs Bm_L 和 BmDs_H vs BmDs_L 的 DEGs 涉及的代谢通路，发现提高 C/N 后纯培养细菌体内的 DEGs 在 9 个代谢通路上显著富集，包括 5 个显著上调的代谢通路（分别属于氨基酸代谢和细胞运动性）和 4 个显著下调的代谢通路（分别属于碳水化合物代谢和膜转运）（表 4-14）。值得关注的是，高 C/N 显著下调了纯培养细菌的碳代谢，部分解释了 *B. megaterium* 纯培养体系对沼液 H 中 COD 去除率较沼液 L 低的原因。此外高 C/N 显著上调了纯培养细菌的氨基酸生物合成代谢通路（biosynthesis of amino acids），而氨基酸代谢的部分产物（如氨和尿素）与 NH_4^+-N 代谢紧密相关。

表 4-14 DEGs 显著富集的代谢通路（$p < 0.05$）

(a)Bm_H vs Bms_L

	KEGG 分类	KEGG 代谢通路	Bm_H vs Bm_L	
			p	DEGs 数量
上调	氨基酸代谢 amino acid metabolism	氨基酸生物合成 biosynthesis of amino acids	3.22E−06	57
		苯丙氨酸、酪氨酸、色氨酸生物合成 phenylalanine, tyrosine, tryptophan biosynthesis	2.50E−03	13
		缬氨酸、亮氨酸和异亮氨酸生物合成 valine, leucine and isoleucine biosynthesis	3.68E−03	10
	细胞运动 cell motility	鞭毛组装 flagellar assembly	1.64E−05	21
		细菌趋化性 bacterial chemotaxis	1.02E−03	13
下调	碳水化合物代谢 carbohydrate metabolism	丙酮酸代谢 pyruvate metabolism	1.85E−02	12
		柠檬酸循环 citrate cycle	4.39E−02	7
	膜运输 membrane transport	磷酸转移酶系统 phosphotransferase system	1.27E−02	8
		ATP 结合匣式转运蛋白 ABC transporters	3.50E−02	23

表4-14　DEGs显著富集的代谢通路($p<0.05$)

(b)BmDs_H vs BmDs_L

KEGG 分类		KEGG 代谢通路	BmDs_H vs BmDs_L	
			p	DEGs 数量
上调	碳水化合物代谢 carbohydrate metabolism	淀粉和蔗糖代谢 starch and sucrose metabolism	1.82E−03	9
		丁酸甲酯代谢 butanoate metabolism	2.06E−02	8
		丙酮酸代谢 pyruvate metabolism	3.97E−02	9
	维生素代谢 vitamin metabolism	丙酮烟酸和烟酰胺代谢 nicotinate and nicotinamide metabolism	4.42E−02	4
下调	氨基酸代谢 amino acid metabolism	丙氨酸、天冬氨酸和谷氨酸代谢 alanine, aspartate and glutamate metabolism	3.34E-02	4

　　细菌能够利用的氮源较多,但是许多氮源需要消耗能量转化为 NH_4^+-N 才能被细菌利用,因此 NH_4^+-N 是细菌最容易利用的氮源[274]。为了较清楚地解释 C/N 对 *B. megaterium* 体内 NH_4^+-N 代谢的影响,本研究对图4-4中不同培养条件下细菌体内的 DEGs 进行分析,重新绘制了细菌 NH_4^+-N 代谢相关的 KEGG 代谢通路图[图4-6(b)],相关 DEGs 的注释及表达变化见表4-15。

　　B. megaterium 可以同时利用有机氮源和无机氮源,有机氮源尿素(urea)首先被脲酶分解为 NH_4^+-N,然后被同化为谷氨酰胺或谷氨酸。当沼液 L 的 C/N 比值为 106/80 时,表明 *B. megaterium* 的氮供给相对于碳供给而言是过剩的,因此培养基中大量 NH_4^+-N 的存在可能阻碍了尿素水解释放出的 NH_4^+-N 的进一步同化。最终导致 NH_4^+-N 在纯培养 *B. megaterium* 处理的沼液 L 中积累[图4-1(d)]。当沼液 H 的 C/N 比值为 106/16 时,表明 *B. megaterium* 处于相对氮限制条件下,有利于细菌对 NH_4^+-N 的利用,并防止在纯培养 *B. megaterium* 处理的沼液 H 中来源于尿素的 NH_4^+-N 的积累。提高 C/N 后,纯培养 *B. megaterium*[图4-6(b)中 Bm_H vs Bm_L]体内参与将尿素转化成 NH_4^+-N 的脲酶基因 *URE* 上调表达,表明 *B. megaterium* 处于氮限制状态,需要通过上调尿素供氮量来缓解碳氮平衡,支持细菌生长。

表 4 - 15　不同培养条件下 NH$_{4+}$ - N 代谢相关 DEGs 的注释和表达变化

EC 编号	KO 条目	KO 名称	KO 定义	gene 名称	log$_2$(Fold change)	q
提高 C/N 后细菌体内的 DEGs(Bm_H vs Bm_L)						
3.5.1.5	bmq:BMQ_2957	URE	脲酶辅助蛋白 UreG OS urease accessory proteinUreG OS	BMQ_2957	1.093 4	1.38E−02
	bmq:BMQ_2958	URE	脲酶辅助蛋白 UreG OS urease accessory proteinUreF OS	BMQ_2958	1.182 3	1.29E−02
	bmq:BMQ_2959	URE	脲酶辅助蛋白 UreG OS urease accessory proteinUreE OS	BMQ_2959	1.347 8	8.27E−03
	bmq:BMQ_2960	URE	脲酶亚基 α OS urease subunit alpha OS	BMQ_2960	1.172 8	9.86E−03
1.4.1.2	bmq:BMQ_2437	rocG	NAD-特异性谷氨酸脱氢酶 NAD-specific glutamate dehydrogenase	BMQ_2437	−1.461 7	2.44E−03
提高 C/N 后共培养体系中微藻体内的 DEGs(DsBm_H vs DsBm_L)						
1.4.1.4	K00262	gdhA	谷氨酸脱氢酶 (NADP+) glutamate dehydrogenase (NADP+)	Cluster-8171.48598	1.731 9	1.58E−02
				Cluster-8171.57161	1.612 0	2.09E−02
1.4.1.13/ 1.4.1.14	K00264	GLT1	谷氨酸合成酶 (NADH) glutamate synthase (NADH)	Cluster-8171.46001	2.033 8	1.71E−06
				Cluster-8171.40269	2.415 5	4.10E−11
提高 C/N 后共培养系中细菌体内的 DEGs(BmDs_H vs BmDs_L)						
6.3.1.2	bmq:BMQ_4099	glnA	谷氨酰胺合成酶, I 型 glutamine synthetase, type I	BMQ_4099	−2.288 5	1.40E−03

藻菌共生技术在沼液处理中的应用
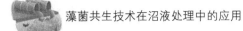

续表

EC 编号	KO 条目	KO 名称	KO 定义	gene 名称	$\log_2$(Fold change)	q
在沼液 L 中与细菌共培养后微藻体内的 DEGs(DsBm_L vs Ds_L)						
3.5.1.5	K01427	URE	脲酶 urease	Cluster-8171.2870	15.372 0	2.51E−22
1.4.1.3	K00261	gdhA	谷氨酸脱氢酶[NAD(P)+] glutamate dehydrogenase[NAD(P)+]	Cluster-8171.85445	9.340 3	8.35E−04
				Cluster-8171.85286	12.075 0	2.34E−11
				Cluster-8171.5393	6.396 1	4.80E−02
1.4.1.13/ 1.4.1.14	K00264	GLT1	谷氨酸合成酶(NADH) glutamate synthase (NADH)	Cluster-8171.2869	15.406 0	2.03E−22
在沼液 H 中与细菌共培养后微藻体内的 DEGs(DsBm_H vs Ds_H)						
3.5.1.5	K01427	URE	脲酶 urease	Cluster-8171.85225	8.333 6	1.12E−04
				Cluster-8171.2870	15.989 0	4.32E−27
1.4.1.3	K00261	gdhA	谷氨酸脱氢酶[NAD(P)+] glutamate dehydrogenase[NAD(P)+]	Cluster-8171.85445	13.419 0	1.44E−17
				Cluster-8171.85447	13.798 0	3.98E−18
在沼液 L 中与微藻共培养后细菌体内的 DEGs(BmDs_L vs Bm_L)						
1.4.1.13/ 1.4.1.14	bmq:BMQ_2098	gltA	谷氨酸合成酶，大亚基 glutamate synthase, large subunit	BMQ_2098	−1.935 1	2.15E−02

续表

EC编号	KO条目	KO名称	KO定义	gene名称	$\log_2$(Fold change)	q
在沼液 H 中与微藻共培养后细菌体内的 DEGs(BmDs_H vs Bm_H)						
3.5.1.5	bmq:BMQ_2957	URE	脲酶辅助蛋白 UreG OS urease accessory proteinUreG OS	BMQ_2957	−1.685 6	5.21E−04
	bmq:BMQ_2958	URE	脲酶辅助蛋白 UreG OS urease accessory proteinUreF OS	BMQ_2958	−1.824 3	6.23E−03
	bmq:BMQ_2959	URE	脲酶辅助蛋白 UreG OS urease accessory proteinUreE OS	BMQ_2959	−1.599 9	1.03E−02
	bmq:BMQ_2960	URE	脲酶亚基 α OS urease subunit alpha OS	BMQ_2960	−2.112 5	5.03E−04
	bmq:BMQ_2962	URE	脲酶亚基 γ OS urease subunit gamma OS	BMQ_2962	−2.813 7	2.51E−03
6.3.1.2	bmq:BMQ_4099	glnA	谷氨酰胺合成酶，I 型 glutamine synthetase, type I	BMQ_4099	−2.037 2	5.06E−03
1.4.1.13/ 1.4.1.14	bmq:BMQ_2098	gltA	谷氨酸合成酶，大亚基 glutamate synthase, large subunit	BMQ_2098	−1.065 1	1.74E−02

尽管 Ds-Bm 共培养体系在高 C/N 和低 C/N 条件下表现出完全不同的 NH_4^+-N 去除能力，但无论在共培养微藻体内还是在共培养细菌体内，对 NH_4^+-N 的吸收和尿素的利用均未达到预期的动态调控。不同 C/N 条件下，Ds-Bm 共培养体系对 NH_4^+-N 的同化受到不同程度的调控。与沼液 L 相比，沼液 H 中的共培养 Desmodesmus sp. 体内编码谷氨酸脱氢酶的 2 个 unigene（$gdhA$）和编码谷氨酸合成酶的 2 个 unigene（$GLT1$）显著上调［图 4-6（a）中 DsBm_H vs DsBm_L］，表明在高 C/N 条件下，共培养微藻对 NH_4^+-N 的同化可能促进了 NH_4^+-N 的有效去除。比较不同 C/N 条件下共培养 B. megaterium 的转录反应［图 4-6（b）中 BmDs_H vs BmDs_L］，发现只有 1 个表达量较低的编码谷氨酰胺合成酶基因的 unigene（$glnA$）。上述结果验证了前面的假设，即微藻对沼液 H 中 NH_4^+-N 的高效去除起主导作用。

在沼液 L 和 H 中，Desmodesmus sp. 与细菌共培养后对 NH_4^+-N 去除效果的不同，说明微藻与细菌的相互作用引起了共培养体系中与 NH_4^+-N 相关代谢的改变。与藻菌共培养体系在不同 C/N 条件下只有 NH_4^+-N 同化被调节不同（图 4-6 中 DsBm_H vs DsBm_L 和 BmDs_H vs BmDs_L），共培养微藻和共培养细菌体内尿素的分解，与各自对应的纯培养体系相比，发生了动态变化。在沼液 L 和 H 中，微藻与细菌共培养后均表现出较高的脲酶基因表达水平［图 4-6（a）中 DsBm_L vs Ds_L 和 DsBm_H vs Ds_H］，说明细菌可以促进微藻对尿素的利用，而不受 C/N 比值的影响。相反地，在高 C/N 条件下与微藻共培养后，细菌体内尿素分解生成 NH_4^+-N 显著下调［图 4-6（a）中 BmDs_H vs Bm_H］。然而在高 C/N 条件下与细菌共培养后，微藻体内脲酶表达增加，且 NH_4^+-N 同化增强［图 4-6（a）中 DsBm_H vs Ds_H］，说明尿素可能被微藻而不是细菌优先利用。Berman 等人研究表明许多微藻可以利用尿素氮（urea-N）[275]。王园园研究发现微藻-细菌共培养体系中的脲酶和 GDH 的活性显著高于微藻纯培养体系[276]，与本研究结果一致。

综上推测，微藻和细菌可能在细胞间形成一种特殊的微营养交换，在较高的 C/N 条件下，这种交换可能转向强化 NH_4^+-N 利用的方向。目前已知的微藻和细菌之间氮交换特性包括无机和有机氮底物交换。细菌向微藻提供无机氮物质通常发生在营养不良的条件下，而有机氮基质则是微藻用有机氮（如色氨酸）交换细菌的 IAA。细菌的无机氮交换模式可能不是 D. subspicatus 和 B. megaterium 相互作用的方式，因为将藻菌共同暴露于富营养化环境中，与细菌相比,微藻优先利用培养基中有机或无机氮源。正如在沼液 H 中的转录信息显示,细菌提高了微藻体内的尿素利用率和 $NH_4^+ - N$ 同化,但微藻降低了细菌体内的尿素利用率和 $NH_4^+ - N$ 同化(图 4-6 中 DsBm_H vs Ds_H 和 BmDs_H vs Bm_H)。然而,与纯培养细菌相比,共培养细菌体内 $NH_4^+ - N$ 同化下调[图 4-6(b)中 BmDs_H vs Bm_H 和 BmDs_H vs Bm_L]。细菌如何在减少氮同化活性的情况下支持细胞的快速生长。一种假设是,微藻可以为细菌提供一些现有的有机氮源,如氨基酸。

4.4.9 微藻脂质代谢的转录信息

在沼液 H 中,Ds-Bm 共培养体系的脂质含量显著高于 $Desmodesmus$ sp. 纯培养体系(图 4-7)。有研究表明,与细菌共培养可以提高微藻脂质产量[277]。与在低 C/N 条件下相比,Ds-Bm 共培养体系在高 C/N 条件下的脂质含量显著提高(图 4-7)。有研究指出,氮浓度的降低会促进微藻体内脂质积累[278]。

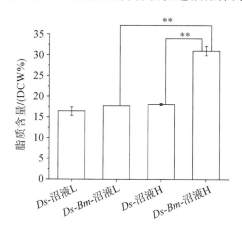

** 表示两个处理组之间有极显著性差异,$p < 0.01$。

图 4-7 $Desmodesmus$ sp. 纯培养体系和 Ds-Bm 共培养体系处理沼液 L 和 H 后的脂质含量

脂类的基本组成单位是三酰甘油(triacylglycerol,TAG),TAG 由甘油和脂肪酸组成[263]。脂肪酸在微藻细胞中的积累受脂肪酸合成和降解途径的控制。因此,通过分析不同 C/N 条件下,与 $B.$ $megaterium$ 共培养后,$Desmodesmus$ sp. 体内参与脂肪酸合成、降解和延长等 KEGG 代谢通路的 DEGs,来研究 C/N 及 $B.$ $megaterium$ 对 $Desmodesmus$ sp. 体内脂质代谢的影响。本研究重新绘制了微藻脂质代谢相关的 KEGG 代谢通路图,相关 DEGs 的注释及表达变化见表 4-16。

表4-16 不同培养条件下脂质代谢相关DEGs的注释和表达变化

EC编号	KO条目	KO名称	KO定义	gene名称	$\log_2$(Fold change)	q
在沼液L中与细菌共培养后微藻体内的DEGs(DsBm_L vs Ds_L)						
6.4.1.2	K01961	accC	乙酰辅酶A羧化酶,生物素羧化酶亚基 acetyl-CoA carboxylase, biotin carboxylase subunit	Cluster-8171.2607	10.065 0	8.55E-07
FabH	K00648	fabH	3-氧酰基-[酰基载体蛋白]合成酶Ⅲ 3-oxoacyl-[acyl-carrier-protein] synthase Ⅲ	Cluster-8171.85933	12.612 0	1.03E-12
				Cluster-8171.85439	9.269 5	2.72E-05
FabF	K09458	fabF	3-氧酰基-[酰基载体蛋白]合成酶Ⅱ 3-oxoacyl-[acyl-carrier-protein] synthase Ⅱ	Cluster-8171.85431	15.215 0	3.03E-21
				Cluster-8171.87763	7.771 5	2.62E-03
				Cluster-8171.85212	11.369 0	2.00E-09
				Cluster-8171.85276	13.424 0	2.55E-15
				Cluster-130.0	7.669 2	4.44E-03
FabG	K00059	fabG	3-氧酰基-[酰基载体蛋白]还原酶 3-oxoacyl-[acyl-carrier protein] reductase	Cluster-8171.2163	9.124 4	5.67E-05
				Cluster-8171.2205	9.887 4	1.83E-06
				Cluster-8171.2751	9.835 2	2.38E-06
				Cluster-8171.85169	13.800 0	1.58E-27
				Cluster-8171.2638	11.375 0	1.27E-09
				Cluster-8171.2251	11.304 0	2.68E-09

续表

EC编号	KO条目	KO名称	KO定义	gene名称	$\log_2$(Fold change)	q
FabZ	K02372	fabZ	3-羟酰基-[酰基载体蛋白]脱水酶 3-hydroxyacyl-[acyl-carrier-protein] dehydratase	Cluster-8171.85379	15.012 0	8.15E−21
6.2.1.3	K01897	ACSL	长链酰基辅酶A合成酶 long-chain acyl-CoA synthetase	Cluster-8171.20845	1.636 6	3.60E−05
				Cluster-8171.59996	1.245 9	2.13E−04
				Cluster-8171.28318	9.355 9	9.13E−04
1.3.3.6	K00232	ACOXI	乙酰辅酶A氧化酶 acyl-CoA oxidase	Cluster-8171.67520	2.972 1	9.70E−09
				Cluster-8171.46282	11.404 0	1.01E−08
				Cluster-8171.35464	8.282 9	5.79E−03
				Cluster-8171.46283	8.231 5	8.17E−04
				Cluster-8171.72391	9.026 8	6.85E−05
				Cluster-8171.67515	1.406 5	2.86E−02
				Cluster-8171.46274	7.577 3	1.51E−02
				Cluster-8171.46273	7.587 2	1.50E−02
				Cluster-8171.29482	1.556 1	9.35E−04
1.3.8.7	K00249	ACADM	酰基辅酶A脱氢酶 acyl-CoA dehydrogenase	Cluster-8171.2819	12.801	2.16E−13

EC编号	KO条目	KO名称	KO定义	gene名称	log₂(Fold change)	q
2.3.1.16	K07513	ACAA1	乙酰辅酶A酰基转移酶1 acetyl-CoA acyltransferase 1	Cluster-8171.45434	5.281 2	4.20E-02
				Cluster-8171.2530	13.578	2.98E-15
				Cluster-8171.45141	1.296 8	9.85E-11
2.3.1.199	K15397	KCS	3-酮乙基辅酶A合成酶 3-ketoacyl-CoA synthase	Cluster-8171.15537	-4.120 7	1.75E-02
				Cluster-8171.59123	-6.271 7	3.27E-04
				Cluster-8171.42383	-7.171 2	1.11E-02
在沼液H中与细菌共培养后微藻体内的DEGs(DsBm_H vs Ds_H)						
6.4.1.2	K01962	accA	乙酰辅酶A羧化酶羧基转移酶亚基α acetyl-CoA carboxylase carboxyl transferase subunit alpha	Cluster-8171.42964	6.591 6	2.60E-02
	K01961	accC	乙酰辅酶A羧化酶,生物素羧化酶亚基 acetyl-CoA carboxylase, biotin carboxylase subunit	Cluster-8171.29395	6.966 4	5.78E-03
				Cluster-8171.2607	12.040 0	6.69E-13
	K11262	ACACA	乙酰辅酶A羧化酶/生物素羧化酶1 acetyl-CoA carboxylase/biotin carboxylase 1	Cluster-8171.49262	6.822 1	1.92E-02
FabH	K00648	fabH	3-氧酰基-[酰基载体蛋白]合成酶III 3-oxoacyl-[acyl-carrier-protein] synthase III	Cluster-8171.85439	12.009 0	1.22E-12
FabF	K09458	fabF	3-氧酰基-[酰基载体蛋白]合成酶II 3-oxoacyl-[acyl-carrier-protein] synthase II	Cluster-8171.85431	14.773 0	7.25E-23
				Cluster-8171.33433	5.740 7	1.61E-03

EC 编号	KO 条目	KO 名称	KO 定义	gene 名称	$\log_2$(Fold change)	q
FabG	K00059	fabG	3-氧酰基-[酰基载体蛋白]还原酶 3-oxoacyl-[acyl-carrier protein] reductase	Cluster-8171.87763	9.385 5	1.35E−06
				Cluster-8171.85212	13.897 0	4.55E−18
				Cluster-130.0	8.132 4	1.55E−04
				Cluster-8171.2163	9.829 8	1.66E−07
				Cluster-8171.2205	12.356 0	1.03E−13
				Cluster-8171.2751	12.033 0	4.52E−12
				Cluster-8171.2638	12.888 0	4.03E−15
				Cluster-8171.85169	17.037 0	1.19E−31
				Cluster-8171.2251	11.970 0	1.31E−12
FabZ	K02372	fabZ	3-羟酰基-[酰基载体蛋白]脱水酶 3-hydroxyacyl-[acyl-carrier-protein] dehydratase	Cluster-8171.85379	13.754 0	3.38E−18
6.2.1.3	K01897	ACSL	长链酰基辅酶A合成酶 long-chain acyl-CoA synthetase	Cluster-8171.60761	−2.772 9	4.78E−02
				Cluster-8171.28320	−6.726 1	8.15E−03
1.3.3.6	K00232	ACOX1	乙酰辅酶A氧化酶 acyl-CoA oxidase	Cluster-8171.62872	−6.230 6	3.43E−02
				Cluster-8171.53182	−6.215 5	4.99E−02
				Cluster-8171.53404	−1.983 8	2.18E−03
				Cluster-8171.46279	−2.665 8	1.38E−02

续表

EC 编号	KO 条目	KO 名称	KO 定义	gene 名称	$\log_2$(Fold change)	q
4.2.1.17	K07511	*ECHS1*	烯酰基辅酶 A 水合酶 enoyl-CoA hydratase	Cluster-8171.73016	−2.071 0	3.09E−02
2.3.1.199	K15397	*KCS*	3-酮乙基辅酶 A 合成酶 3-ketoacyl-CoA synthase	Cluster-8171.59513	−4.894 9	5.63E−03
				Cluster-8171.48585	−4.658 4	1.69E−02
				Cluster-8171.39750	−2.287 3	6.57E−03
4.2.1.134	K10703	*PHS1*	超长链(3R)-3-羟基酰基辅酶 A 脱水酶 very-long-chain (3R)-3-hydroxyacyl-CoA dehydratase	Cluster-8171.10654	−6.169 5	2.89E−02
FabG	K00059	*fabG*	3-氧酰基-[酰基载体蛋白]还原酶 3-oxoacyl-[acyl-carrier protein] reductase	Cluster-8171.82157	−1.524 5	1.04E−04
提高 C/N 后共培养体系中微藻体内的 DEGs(DsBm_H vs DsBm_L)						
6.4.1.2	K01961	*accC*	乙酰辅酶 A 羧化酶·生物素羧化酶亚基 acetyl-CoA carboxylase, biotin carboxylase subunit	Cluster-8171.29395	6.396 0	3.37E−02
				Cluster-8171.2607	2.665 7	1.91E−03
FabD	K00645	*fabD*	[酰基载体蛋白质]S-丙二酰转移酶 [acyl-carrier-protein] S-malonyltransferase	Cluster-8171.38183	2.100 3	4.19E−02
FabF	K09458	*fabF*	3-氧酰基-[酰基载体蛋白]合成酶 Ⅱ 3-oxoacyl-[acyl-carrier-protein] synthase Ⅱ	Cluster-8171.33433	8.255 6	7.38E−04

续表

EC 编号	KO 条目	KO 名称	KO 定义	gene 名称	$\log_2$ (Fold change)	q
FabG	K00059	fabG	3-氧酰基-[酰基载体蛋白]还原酶 3-oxoacyl-[acyl-carrier protein] reductase	Cluster-8171.57566	6.810 3	1.70E−02
				Cluster-8171.2751	3.169 3	9.20E−03
				Cluster-8171.2205	3.259 8	1.48E−04
				Cluster-8171.87763	2.197 5	2.41E−02
				Cluster-8171.85212	3.436 8	1.26E−03
				Cluster-8171.2638	2.275 5	3.16E−02
				Cluster-8171.85169	2.827 0	9.63E−03
6.2.1.3	K01897	ACSL	长链酰基辅酶A合成酶 long-chain acyl-CoA synthetase	Cluster-8171.28322	−6.682 6	1.82E−02
1.3.3.6	K00232	ACOX1	乙酰辅酶A氧化酶 acyl-CoA oxidase	Cluster-8171.62872	−6.807 9	3.19E−02
				Cluster-8171.46273	−7.213 5	1.75E−02
				Cluster-8171.46274	−7.201 9	1.77E−02
				Cluster-8171.46282	−10.997 0	6.38E−08
				Cluster-8171.46283	−7.834 6	1.56E−03
				Cluster-8171.46277	−2.265 0	1.15E−03
4.2.1.17	k10527	MPF2	烯酰辅酶A水合酶/3-羟酰基辅酶A脱氢酶 enoyl-CoA hydratase/3-hydroxyacyl-CoA dehydrogenase	Cluster-8171.68277	−5.921 7	1.47E−05

续表

EC 编号	KO 条目	KO 名称	KO 定义	gene 名称	log₂(Fold change)	q
2.3.1.16	K07513	ACAA1	乙酰辅酶 A 酰基转移酶 1 acetyl-CoA acyltransferase 1	Cluster-8171.45138	-4.162 9	2.20E-02
				Cluster-8171.39157	-7.162 8	7.12E-03
				Cluster-8171.45434	-4.923 7	2.84E-03
				Cluster-8171.45433	-6.761 1	1.62E-02
2.3.1.199	K15397	KCS	3-酮乙基辅酶 A 合成酶 3-ketoacyl-CoA synthase	Cluster-8171.79891	-6.714 1	3.52E-02
				Cluster-8171.79892	-3.151 5	1.36E-03
				Cluster-8171.39750	-2.479 1	8.34E-03
				Cluster-8171.82109	-6.318 1	4.21E-02
				Cluster-8171.36325	-4.084 8	2.57E-02
				Cluster-8171.78700	-3.147 6	3.55E-04
				Cluster-8171.12953	-3.703 4	5.80E-03
				Cluster-8171.48585	-5.451 6	4.00E-03
FabG	K00059	fabG	3-氧酰基-[酰基载体蛋白]还原酶 3-oxoacyl-[acyl-carrier protein] reductase	Cluster-8171.82157	-2.255 8	5.62E-17

脂肪酸的合成是一个重复循环过程。1 分子乙酰辅酶 A（acetyl-CoA）和 1 分子丙二酰辅酶 A（malonyl-CoA）依次经过转移、缩合、氢化、脱水和再氢化反应，使碳链延长 2 个碳。上述反应重复 7 次，得到含有 16 个碳的软脂酸。软脂酸，又称十六烷酸（hexadecanoate），是脂肪生成中产生的第一种脂肪酸，由它可以生成更长的脂肪酸。脂肪酸的降解同样是一个重复循环过程。脂肪酸被长链酰基辅酶 A 合成酶催化生成脂肪酸酰基辅酶 A（fatty acyl-CoA）。然后 fatty acyl-CoA 依次经过脱氢、加水、再脱氢和硫解反应生成 acetyl-CoA。上述反应重复 7 次，将 1 分子 hexadecanoate 转化为 8 分子 acetyl-CoA。

在沼液 L 中，与细菌共培养后，*Desmodesmus* sp. 体内（图 4-8）参与脂肪酸合成的乙酰辅酶 A 羧化酶基因 *accC*、酰基载体蛋白合成酶基因 *fabH* 和 *fabF*、酰基载体蛋白还原酶基因 *fabG*、酰基载体蛋白脱水酶基因 *fabZ*、长链酰基辅酶 A 合成酶基因 *ACSL* 均上调表达，并且参与脂肪酸降解的长链酰基辅酶 A 合成酶基因 *ACSL*、酰基辅酶 A 氧化酶基因 *ACOX1*、酰基辅酶 A 脱氢酶基因 *ACADM* 和乙酰辅酶 A 酰基转移酶基因 *ACAA1* 也上调表达。结果表明，在沼液 L 中，与细菌共培养促进了 *Desmodesmus* sp. 体内脂肪酸的生物合成和脂肪酸的降解。因此，在处理沼液 L 过程中，与 *Desmodesmus* sp. 纯培养体系相比，*Ds-Bm* 共培养体系中没有明显的脂质积累（图 4-7）。

在沼液 H 中，与细菌共培养后，*Desmodesmus* sp. 体内（图 4-9）参与脂肪酸合成的相关基因 *accC*、*fabH*、*fabF*、*fabG* 和 *fabZ* 均上调表达，而参与脂肪酸降解的相关基因 *ACSL*、*ACOX1* 和烯酰辅酶 A 水合酶基因 *ECHS1* 均下调表达。已有研究表明，*ACOX* 的失活可能有助于微藻的脂质积累[279]。结果表明，在沼液 H 中，与细菌共培养促进了 *Desmodesmus* sp. 体内脂肪酸的生物合成，减缓了脂肪酸的降解。因此，在处理沼液 H 过程中，*Ds-Bm* 共培养体系中的脂质含量高于 *Desmodesmus* sp. 纯培养体系（图 4-7）。此外，4.4.7 结果显示，与细菌共培养后，*Desmodesmus* sp. 体内参与由 pyruvate 合成 acetyl-CoA 的丙酮酸脱氢酶基因 *DLD* 上调表达。结果表明，与 *B. megaterium* 共培养促进了 *Desmodesmus* sp. 体内 acetyl-CoA 的合成，acetyl-CoA 是合成脂肪酸的前体物质。Sun 等人的研究也得到了类似结果，通过提高 acetyl-CoA 和 pyruvate 的含量，能够潜在地提高脂质积累的碳利用率[258]。

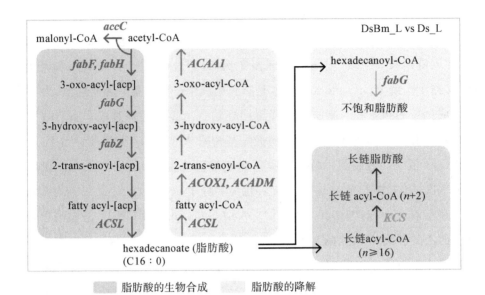

图 4-8　在沼液 L 中与细菌共培养后 *Desmodesmus* sp. 体内
脂质代谢相关 DEGs 的 KEGG 通路图

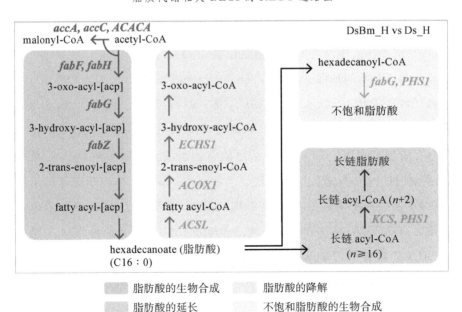

图 4-9　在沼液 H 中与细菌共培养后 *Desmodesmus* sp. 体内
脂质代谢相关 DEGs 的 KEGG 通路图

4.4.1 节结果显示,提高 C/N 后,*Ds-Bm* 共培养体系中的微藻在培养早期生长较慢。并且提高 C/N 后,*Ds-Bm* 共培养体系中的微藻体内决定光合碳同化能力的二磷酸核酮糖羧化酶基因 *rbcS* 下调表达[Cluster-8171.49318(−1.268 4),Cluster-8171.44019(1.007 7)],说明光合作用减缓。有研究表明,微藻光合效率下降,其体内碳流转入 TAG 合成途径,激活 acetyl-CoA 通过乙酰辅酶 A 羧化酶生成 malonyl-CoA,进入脂质合成途径,实现微藻脂质积累[280]。本研究发现提高 C/N 后,共培养体系中的 *Desmodesmus* sp. 体内(图4-10)参与脂肪酸合成的相关基因 *accC*、*fabD*、*fabF* 和 *fabG* 均上调表达,而参与脂肪酸降解的相关基因 *ACSL*、*ACOX1*、*MFP2* 和 *ACAA1* 均下调表达。结果表明,高 C/N 显著上调了共培养体系中 *Desmodesmus* sp. 体内脂肪酸的生物合成途径,并显著下调了脂肪酸的降解途径。因此,*Ds-Bm* 共培养体系在高C/N 条件下的脂质含量显著高于低 C/N(图4-7)。

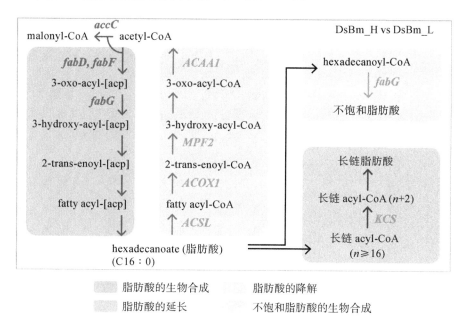

图4-10　提高 C/N 后,共培养体系中的 *Desmodesmus* sp. 体内脂质代谢相关
　　　　DEGs 的 KEGG 通路图

在沼液 L 和 H 中,与细菌共培养后,*Desmodesmus* sp. 体内参与脂肪酸延长的酮脂酰辅酶 A 合成酶基因 *KCS* 和极长链-3-羟基酰基辅酶 A 脱水酶基因 *PHS1* 均下调表达(图4-8 和图4-9)。提高 C/N 后,共培养体系中的

Desmodesmus sp. 体内参与脂肪酸延长的相关基因 *KCS* 下调表达（图 4 - 10）。上述结果与图 4 - 11(a)(b) 的结果一致。*Ds-Bm* 共培养体系中 C18:0 的含量低于 *Desmodesmus* sp. 纯培养体系。高 C/N 条件下 *Ds-Bm* 共培养体系中 C18:0 的含量低于低 C/N 条件。*Desmodesmus* sp. 体内的脂肪酸主要由 C16:0、C18:0、C18:1n9c、C18:2n6c 和 C18:3n6 组成（图 4 - 11），符合生物柴油碳链长度的基本准则（C15~C22）[234]。C16:0 和 C18:1n9c 是生物柴油的理想组分[281]。在沼液 L 和 H 中的 *Ds-Bm* 共培养体系的 C16:0 和 C18:1n9c 总量分别为 38% 和 42%，较 *Desmodesmus* sp. 纯培养体系有所提高。

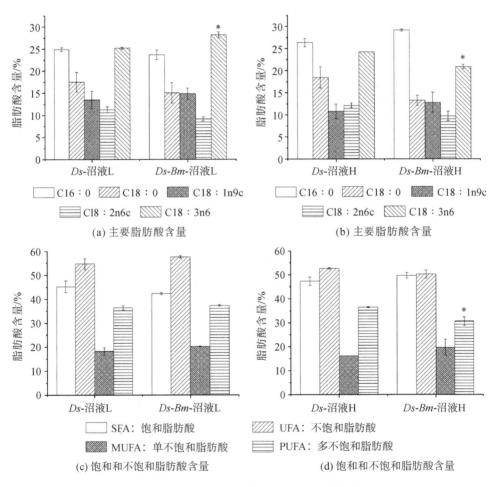

＊ 表示与 *Desmodesmus* sp. 纯培养体系相比，有显著性差异，$p < 0.05$。

图 4 - 11 *Desmodesmus* sp. 纯培养体系和 *Ds-Bm* 共培养体系处理沼液 L 和沼液 H 后的脂肪酸组成

在沼液 L 中,与细菌共培养后,*Desmodesmus* sp. 体内参与不饱和脂肪酸合成的基因 *fabG* 上调表达(图 4 - 8)。在沼液 H 中,与细菌共培养后,*Desmodesmus* sp. 体内的相关基因 *fabG* 和 *PHS*1 下调表达(图 4 - 9)。提高 C/N 后,共培养体系中的 *Desmodesmus* sp. 体内的相关基因 *fabG* 下调表达(图 4 - 10)。上述结果与图 4 - 11(c)(d)的结果一致。在沼液 L 中,*Ds-Bm* 共培养体系中 UFA 含量高于 *Desmodesmus* sp. 纯培养体系。在沼液 H 中 *Ds-Bm* 共培养体系中 UFA 含量低于 *Desmodesmus* sp. 纯培养体系。高 C/N 条件下 *Ds-Bm* 共培养体系中 UFA 含量低于低 C/N 条件。相关研究表明,UFA 含量较低的原料更适合生产生物柴油[235]。因此,用于处理沼液 H 的 *Ds-Bm* 共培养体系的脂肪酸组成更适合于生物燃料生产。

综上所述,转录组学研究结果显示,与 *B. megaterium* 共培养上调了 *Desmodesmus* sp. 体内的脂肪酸合成途径,因此与细菌共培养有利于提高微藻脂质含量。高 C/N 上调了 *Ds-Bm* 共培养体系中 *Desmodesmus* sp. 体内的脂肪酸合成途径,下调了脂肪酸降解途径,同时下调了不饱和脂肪酸合成途径,因此在高 C/N 条件下更有利于 *Ds-Bm* 共培养体系的脂质积累,并且该体系的脂肪酸组成更适宜于生物燃料生产。

4.5　小结

本章首先分析了在处理不同 C/N 沼液时,*B. megaterium* 对 *Desmodesmus* sp. 生长、脂质积累和污染物去除效果的影响。之后比较了不同培养条件下微藻纯培养/细菌纯培养与藻菌共培养的转录信息,描述微藻和细菌的代谢途径以及它们对不同 C/N 的不同响应。以揭示微藻与细菌在废水处理过程中的互作机制。主要结论如下:

1. 与 *Desmodesmus* sp. 纯培养体系相比,沼液 L 中的 *Ds-Bm* 共培养体系的叶绿素和脂质含量分别提高了 150% 和 8%,COD 和 TP 的去除率分别提高了 104% 和 158%。沼液 H 中的 *Ds-Bm* 共培养体系的叶绿素和脂质含量分别提高了 30% 和 72%,COD、TP 和 $NH_4^+ - N$ 的去除率分别提高了 90%、156% 和 96%。

2. 低 C/N 和高 C/N 条件下,*B. megaterium* 均上调了 *Desmodesmus* sp. 的糖酵解、卡尔文循环和三羧酸循环等代谢途径的相关基因,促进了 *Desmodesmus* sp.

对碳源的混合营养利用并活跃了能量代谢。共培养的 *Desmodesmus* sp. 和 *B. megaterium* 体内 IAA 合成代谢途径的相关基因均上调表达。藻菌共培养促进了微藻和细菌的生长及对污染物的去除。在高 C/N 条件下，*Desmodesmus* sp. 下调了 *B. megaterium* 鞭毛组装代谢通路，*B. megaterium* 运动性减缓，有利于藻菌共培养体系的稳定。

3. *Desmodesmus* sp. 能够去除 NH_4^+-N，且不受 C/N 的影响。不同 C/N 条件下 *Ds-Bm* 共培养体系去除 NH_4^+-N 能力的差异归因于细菌，低 C/N 沼液中的大量 NH_4^+-N 阻碍了 *B. megaterium* 对尿素水解释放出的 NH_4^+-N 的进一步同化。微藻与细菌的相互作用引起了共培养体系中与 NH_4^+-N 相关代谢的改变，在高 C/N 条件下，*B. megaterium* 细胞内尿素水解相关基因显著下调，而 *Desmodesmus* sp. 的尿素水解以及 NH_4^+-N 同化相关基因表达提高。说明在高 C/N 条件下微藻优先利用尿素，并且细菌促进了微藻对尿素的利用以及对 NH_4^+-N 的同化，实现藻菌协同作用去除 NH_4^+-N。

4. 提高 C/N 上调了共培养 *Desmodesmus* sp. 的脂肪酸合成代谢通路，并且下调了脂肪酸降解和不饱和脂肪酸合成代谢通路。在高 C/N 条件下细菌下调了 *Desmodesmus* sp. 的不饱和脂肪酸合成代谢通路。因此，高 C/N 条件更有利于 *Ds-Bm* 共培养体系的脂质积累，且该体系的脂肪酸组成与微藻纯培养体系相比更适宜于生物燃料生产。

第 **5** 章
规模化处理人工沼液的光生物反应器的开发

5.1 引言

前几章研究结果表明，Ds-Bm 共培养体系可以在处理沼液的同时生产生物质能源。但是共培养体系中微藻细胞和细菌细胞悬浮生长，如果在反应器中放大应用，存在藻菌易流失、固液分离困难等问题。而藻菌固定化培养方式可以实现藻菌细胞和培养基的有效分离，提高生物量，降低生物质采收成本。因此，有必要开发一种基于固定化技术的藻菌生物膜反应器，以实现在对沼液进行最大程度处理的基础上，对藻菌共培养物进行有效的收集。

常见的藻菌固定化方法有吸附法、包埋法和偶联法等。吸附法需要对载体表面进行修饰，以增加固定化载体对藻菌细胞的吸附力；包埋法需要对载体进行改性，以提高其机械强度，将藻菌细胞截留；偶联法因存在化学反应，对藻菌细胞有一定的毒性，从而影响藻菌细胞的活力，此类固定化方法多数处于实验室研究阶段，应用于大规模工业化进程仍有一定困难[282]。因此，藻菌固定化技术工业化应用的关键在于两点：一是固定化载体的成本，需要筛选廉价可循环利用的载体材料；二是固定化反应器的性能，需要开发高效的光生物反应器。研究人员已开发出系列固定化载体，如金属载体（金属网和金属板等）、膜载体（滤膜和滤纸等）和塑料载体（聚乙烯和聚甲基丙烯酸甲酯等）。这些材料均具有较好的细胞附着率和较高的生物量产量，但是价格较高，容易腐蚀，大规模工业化应用较困难[283]。理想的固定化载体应同时具备以下特点:价格低廉、容易获得、细胞附着率高、对细胞无毒性以及不造成二次污染。

木质纤维素,是天然可再生木材经过化学处理、机械法加工得到的有机絮状纤维物质,其产量大、价格低廉、目前利用率极低[284]。木质纤维素内部的纤维素-半纤维素-木质素网络结构非常牢固,对环境侵蚀有较强的抵抗力。松木屑是一种常见的木质纤维素材料,研究表明,其表面粗糙,并有纤维孔柱,能够为藻细胞提供较大的附着面积,且可增强附着藻细胞抵抗水流的剪切应力[285]。

棉织物,由于其价格低廉、透气性、柔软性、亲水性、环境可持续性和生物降解性等特点,已被广泛应用于各种家庭、商业和工业活动中[286]。国际商务的快速发展使得世界范围内棉织品的需求和供应增加,因此,废棉布具有广泛的回收再利用来源[287]。废棉布的亲水特性使其对水和其他液体具有高亲和力,从而增加了生物膜生长发育的机会[288]。

因此,本章选用松木屑和废棉布分别作为藻菌固定化载体,在光生物反应器中放大应用,以期基于废物资源化利用的基础上,实现规模化处理沼液的同时,收获藻菌生物质。本研究结果可为未来评估其他替代生物膜载体去除废水中的污染物提供基础数据。

5.2 试验材料与仪器

5.2.1 仪器

本试验所用主要仪器同 3.2.1。

不同反应器如图 5-1 所示。

竖立平板式光生物反应器:反应器培养系统如图 5-1(a)所示,包括反应器、光源和空气泵。反应器材质为有机玻璃,外观呈狭长的长方体,长度×宽度×高度为 60 cm×5 cm×50 cm。

斜面平板式光生物反应器:反应器培养系统如图 5-1(b)所示,包括反应器、储液瓶和蠕动泵。其中,反应器具体构造如图 5-1(c)所示。反应器材质为有机玻璃,由盖板、培养槽和水浴槽组成。盖板上装有三组可控 LED 灯管,光照强度为 45 μmol/(m² · s)。培养槽包括三组相互隔绝的斜面通道,每个通道由带孔(直径 2 mm)有机玻璃滤网分隔为前后两部分,防止较大流速冲刷载体造成损失。靠近进水口的培养通道,长度约为 30 cm,倾斜角约为 5°,固定化载体铺设在该通道内。靠近出水口的收集通道,长度约为 5 cm,倾斜角约为 15°,便于培养基顺利流出通道。水浴槽中装有去离子水,由加热棒控制水温为 25 ± 2 ℃。

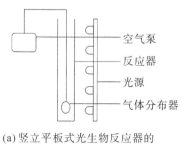

(a) 竖立平板式光生物反应器的
试验装置（侧视图）

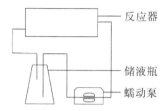

(b) 斜面平板式光生物反应器的
试验装置（侧视图）

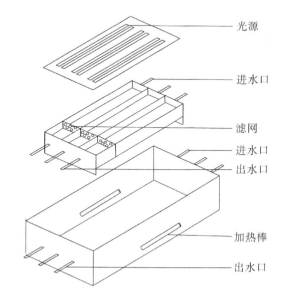

(c) 斜面平板式光生物反应器的结构

图 5-1　不同反应器的示意图

5.2.2　藻种和菌种

本试验使用藻种为 *Desmodesmus* sp.,具体来源见 2.2.2。

本试验使用菌种为 *B. megaterium*,具体来源见 2.3.3。

5.2.3　沼液和培养基

本试验所用沼液同表 3-1 中沼液Ⅲ。

本试验微藻所用 BG11 培养基和细菌所用 LB 培养基见 2.2.4。

5.2.4　固定化载体

本试验所用松木屑购自江苏连云港某家具厂。材料的粒径越小,表面积相对越大,但是获得小粒径材料需要耗费较大的能量对材料进行破碎。因此,为保证该固定化技术的经济性和市场竞争力,本研究选择 30～40 目粒径的松木屑作为藻菌固定化载体[283]。

本试验所用废棉布购自河北保定某毛巾厂。

5.3 试验方法

5.3.1 试验设置

5.3.1.1 摇瓶中以松木屑为载体处理沼液

分别称取 0.01、0.05、0.1、0.5 和 1 g 松木屑,经高温高压灭菌后,置于含 100 mL 沼液的 250 mL 锥形瓶中,体系中松木屑浓度分别为 0.1、0.5、1、5 和 10 g/L。将对数生长期的 *Desmodesmus* sp.(54×10^5 cells/mL)和 *B. megaterium* (6×10^5 cells/mL),共同接种至上述锥形瓶中。同时,设置只接种微藻和细菌不添加松木屑的悬浮体系作为对照组。培养 6 d 左右,培养条件同 2.3.1。每种试验组均设置 3 个平行。采集样品监测以下指标:沼液中 COD、TP 和 NH_4^+-N 的浓度。

5.3.1.2 摇瓶中以废棉布为载体处理沼液

裁剪一定面积的废棉布,经高温高压灭菌后,固定于含 100 mL 沼液的 250 mL 锥形瓶中。将对数生长期的 *Desmodesmus* sp.(54×10^5 cells/mL)和 *B. megaterium*(6×10^5 cells/mL)共同接种至上述锥形瓶中。同时,设置只接种微藻和细菌不添加废棉布的悬浮体系作为对照组。培养 6 d 左右,培养条件同 2.3.1。每种试验组均设置 3 个平行。采集样品监测以下指标:沼液中 COD、TP 和 NH_4^+-N 的浓度。

5.3.1.3 竖立平板式光生物反应器中以松木屑为载体处理沼液

将 0.5 g/L 经高温高压灭菌的松木屑置于含 5 L 沼液的竖立平板式光生物反应器中。将对数生长期的 *Desmodesmus* sp.(54×10^5 cells/mL)和 *B. megaterium*(6×10^5 cells/mL)共同接种至上述反应器中。同时,设置只接种微藻和细菌不添加松木屑的悬浮体系作为对照组。培养 6 d 左右。培养条件:温度 25 ± 2 ℃;光照强度 45 $\mu mol/(m^2 \cdot s)$;通气量 1.8 $m^3/(m^3 \cdot min)$ (vvm)。采集样品监测以下指标:沼液中 COD、TP 和 NH_4^+-N 的浓度。

5.3.1.4 竖立平板式光生物反应器中以废棉布为载体处理沼液

裁剪一定面积的废棉布,经高温高压灭菌后,固定于含 5 L 沼液的竖立平板式光生物反应器中。将对数生长期的 *Desmodesmus* sp.(54×10^5 cells/mL) 和 *B. megaterium*(6×10^5 cells/mL)共同接种至上述反应器中。同时,设置只接种微藻和细菌不添加废棉布的悬浮体系作为对照组。培养 6 d 左右,培养条件同 5.3.1.3。采集样品监测以下指标:沼液中 COD、TP 和 NH_4^+-N 的浓度。

5.3.1.5　斜面平板式光生物反应器中以废棉布为载体处理沼液

裁剪一定面积的废棉布,经高温高压灭菌后,铺设于斜面平板式光生物反应器的各通道内。储液瓶中的 BG11 培养基以 30 mL/min 的流速泵入培养槽的各通道内,然后流经废棉布并通过滤网,之后在收集通道内收集,最后流入储液瓶,形成循环体系。待 BG11 培养基完全浸湿废棉布后,以相同流速泵入含有藻菌共培养物的培养基,*Desmodesmus* sp. 和 *B. megaterium* 接种量同 5.3.1.3 和 5.3.1.4。培养 6 d 左右。培养条件:温度 25±2 ℃;光照强度 45 μmol/($m^2 \cdot$ s)。采集样品监测以下指标:沼液中 COD、TP 和 NH_4^+-N 的浓度。

5.3.2　微藻生长的测定

测定方法同 2.3.2。

5.3.3　污染物的测定

测定方法同 3.3.3。

5.4　试验结果与讨论

5.4.1　摇瓶中以松木屑为载体处理人工沼液

3.4.2.1 结果显示,所有 *Ds-Bm* 共培养体系中叶绿素含量随培养时间的延长而增加,在第 5~7 天达到最大值,之后均呈现下降的趋势。并且各共培养体系中 COD 和 TP 的浓度在处理后 6 d 内迅速降低,考虑时间成本,利用共培养体系处理 6 d 是可取的。因此,本研究收集各固定化体系处理沼液第 6 天的样品,进行污染物浓度检测。结果如图 5-2 所示。以松木屑为载体的固定化藻菌体系对沼液中各项污染物的去除率均高于悬浮藻菌体系。其中,松木屑添加量为 0.1、0.5 和 1 g/L 的固定化藻菌体系对沼液中污染物的去除效果较好[图 5-2(a)(b)(c)],三种体系对 COD 的去除率分别为 96%、93% 和 91%,对 TP 的去除率分别为 57%、55% 和 61%,对 NH_4^+-N 的去除率分别为 42%、43% 和 49%。

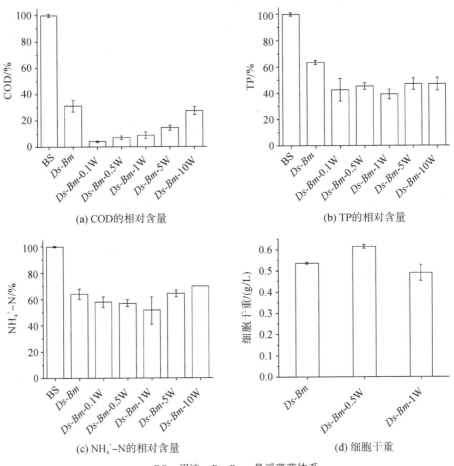

(a) COD的相对含量

(b) TP的相对含量

(c) NH$_4^+$-N的相对含量

(d) 细胞干重

BS—沼液；Ds-Bm—悬浮藻菌体系；
Ds-Bm-0.1W~Ds-Bm-10W—松木屑添加量分别为0.1~10 g/L的固定化藻菌体系。

图 5-2　不同松木屑添加量的固定化藻菌体系处理沼液 6 d 后
的污染物含量及生物量

松木屑添加量为 0.1、0.5 和 1 g/L 的固定化藻菌体系对沼液中 COD 的去除率分别比悬浮藻菌体系提高了 39%、35% 和 32%，对 TP 的去除率分别比悬浮藻菌体系提高了 57%、50% 和 67%，对 NH$_4^+$-N 的去除率分别比悬浮藻菌体系提高了 17%、20% 和 35%。以上结果表明，松木屑为藻菌共培养提供固定化载体的同时，也提高了沼液中污染物的去除率。由于木屑表面粗糙，有较大的表面积和丰富的孔洞结构，木屑颗粒之间形成了具有微小孔隙的骨架，因此对废水中污染物有一定的截留作用。吴泓涛等人研究了不同有机废物材料对废水中有机污染物的截留作用,结果表明,木屑对有机物的截留主要依靠微孔过滤,材料表层形成含大量微孔的滤饼,截留了大多数的有机物,对 COD 的去除率达到 92%[289]。木屑除磷主要依靠物理吸附。木屑脱氮包括化学吸附和物理吸附,木屑表面富含羟基(—OH)、羧基(—COOH)、甲氧基(CH₃O—)和羰基(C=O),在水中带负电,容易解离出 H⁺,对废水中 NH₄⁺ 有吸附作用,并且基团位点可以与 NH₄⁺ 进行离子交换或氢键结合,进而将 NH₄⁺ 从水中去除[285]。比较 *Ds-Bm* 共培养在不同松木屑添加量的体系中的附着效果,结果表明,当松木屑添加量为 0.5 和 1 g/L 时,*Ds-Bm* 共培养在松木屑上的附着效果较好(图 5-3)。进一步对松木屑添加量为 0.5 和 1 g/L 的固定化藻菌体系进行生物量检测,结果如图 5-2(d)所示,松木屑添加量为 0.5 g/L 的固定化藻菌体系生物量最高,比松木屑添加量为 1 g/L 的固定化藻菌体系和悬浮藻菌体系分别提高了 25% 和 15%。因此,选择松木屑添加量为 0.5 g/L 的固定化藻菌体系进行后续平板式光生物反应器的应用研究。

Ds-Bm-0.5W 和 *Ds-Bm*-1W—松木屑添加量分别为 0.5 和 1 g/L 的固定化藻菌体系。

图 5-3 *Ds-Bm* 共培养在不同添加量的松木屑上的附着情况

5.4.2 摇瓶中以废棉布为载体处理人工沼液

本研究同样收集各体系处理沼液(图 5-4)第 6 天的样品,进行污染物浓度检测,结果如图 5-5(a)(b)(c)所示。以废棉布为载体的固定化藻菌体系对沼液中各项污染物的去除率均高于悬浮藻菌体系。固定化藻菌体系对 COD、TP 和 NH₄⁺-N 的去除率分别为 76%、64% 和 66%,分别比悬浮藻菌体系提高了 57%、48% 和 96%。固定化藻菌体系的生物量比悬浮藻菌体系提高了 36%[图 5-5(d)]。以上结果表明,废棉布为藻菌共培养提供固定化载体的同时,也提高了沼液中污染物的去除率以及藻菌生物量。废棉布的多孔结构创造了适当的亲水性和曝气性的微环境条件[290],并且多孔结构使生物膜和周围空间之间的传质阻力最小化[291],因而促进了生物膜在废棉布上的生长和附着。

 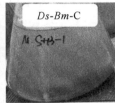 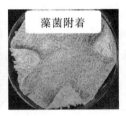 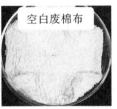

Ds-Bm—悬浮藻菌体系；Ds-Bm-C—废棉布固定化藻菌体系。

图 5-4 Ds-Bm 共培养在废棉布上的附着情况

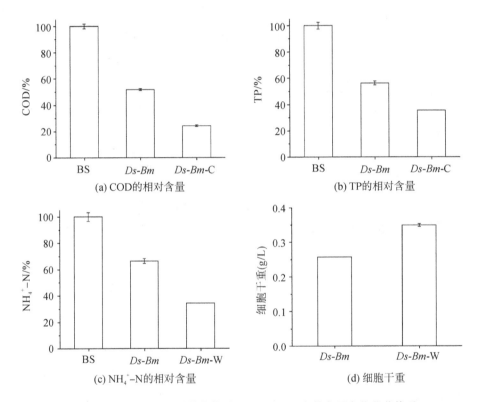

(a) COD的相对含量

(b) TP的相对含量

(c) NH$_4^+$-N的相对含量

(d) 细胞干重

BS—沼液；Ds-Bm—悬浮藻菌体系；Ds-Bm-C—废棉布固定化藻菌体系。

图 5-5 悬浮藻菌体系和废棉布固定化藻菌体系处理沼液 6 d 后
的污染物含量及生物量

5.4.3 竖立平板式光生物反应器中以松木屑为载体处理人工沼液

反应器是连接实验室技术和产业化应用的桥梁，光生物反应器主要用于藻类的培养。目前光生物反应器主要包括开放式和封闭式两种。开放式光生物反应器虽然操作简单、成本低廉,但是在开放条件下,微藻的培养条件(如光照强度和温度等)易受自然环境变化的影响难以维持稳定状态,并且易受外来物质污染、影响微藻的品质[292]。封闭式光生物反应器与外部环境隔绝,可以有效避免外来物质干扰,并且培养条件可控,适用于微藻生物质的生产[293]。其中,平板式光生物反应器结构相对简单,光能利用率高,易放大规模使用,其内部贴壁生长的微藻容易收集。本研究将5.4.1和5.4.2中所述的两种固定化藻菌体系置于竖立平板式光生物反应器中放大应用,以检测这两种固定化技术规模化处理沼液的能力。本研究使用的反应器为课题组自主研发[294],其结构简单、便于清洗,动力消耗少、造价较便宜,占地面积小、可在室内使用,并且可根据需要数个甚至数十个串联使用。

本研究同样收集各体系处理沼液第6天的样品,进行污染物浓度检测。结果如图5-6所示。

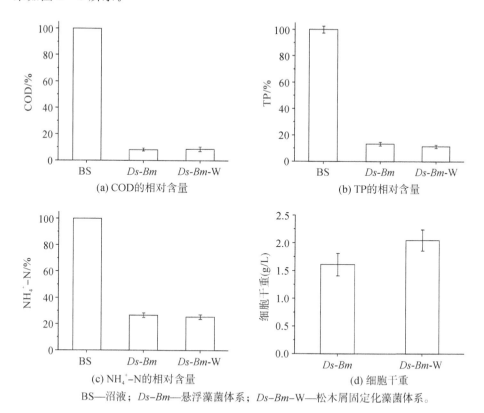

(a) COD的相对含量

(b) TP的相对含量

(c) NH₄⁺-N的相对含量

(d) 细胞干重

BS—沼液;Ds-Bm—悬浮藻菌体系;Ds-Bm-W—松木屑固定化藻菌体系。

图5-6 在竖立平板式光生物反应器中悬浮藻菌体系和松木屑固定化
藻菌体系处理沼液6 d后的污染物含量及生物量

在竖立平板式光生物反应器中,以松木屑为载体的固定化藻菌体系能有效去除沼液中各项污染物,其中 COD、TP 和 NH_4^+-N 的去除率分别为 91％、89％和 74％[图 5-6(a)(b)(c)]。该固定化藻菌体系在该反应器中应用时对 TP 和 NH_4^+-N 的去除率比其在锥形瓶中应用时分别提高了 61％和 73％。并且在该反应器中,固定化藻菌体系的细胞干重达到 2.05 g/L[图 5-6(d)和图 5-7],比悬浮藻菌体系提高了 27％。因此,将以松木屑为载体固定藻菌共培养的技术应用于竖立平板式光生物反应器中,可实现规模化处理沼液的同时,收获藻菌生物质。

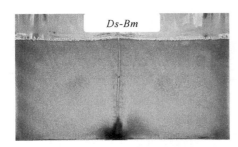 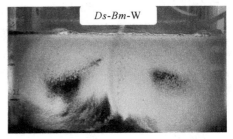

Ds-Bm—悬浮藻菌体系;*Ds-Bm*-W—松木屑固定化藻菌体系。

图 5-7 在竖立平板式光生物反应器中 *Ds-Bm* 共培养在松木屑上的附着情况

5.4.4 竖立平板式光生物反应器中以废棉布为载体处理人工沼液

本研究发现,在竖立平板式光生物反应器中,以废棉布为载体固定藻菌共培养并对沼液进行处理,体系运行 3 d 后,气体的不断搅动干扰藻菌共培养在棉布上的附着,且生物量增长缓慢[图 5-8(d)]。因此,本研究仅对各体系处理沼液第 3 天的样品进行污染物浓度检测,结果如图 5-8(a)(b)(c)所示。在竖立平板式光生物反应器中,以废棉布为载体的固定化藻菌体系对 COD、TP 和 NH_4^+-N 的去除率分别为 58％、27％和 33％[图 5-8(a)(b)(c)]。该固定化藻菌体系在该反应器中应用时对沼液的处理效果不如其在锥形瓶中应用时的处理效果(76％、64％和 66％)。由于该反应器中,气体搅动干扰藻菌共培养在废棉布上的附着,因此,需要开发适合废棉布做藻菌固定化载体的新型平板式光生物反应器。

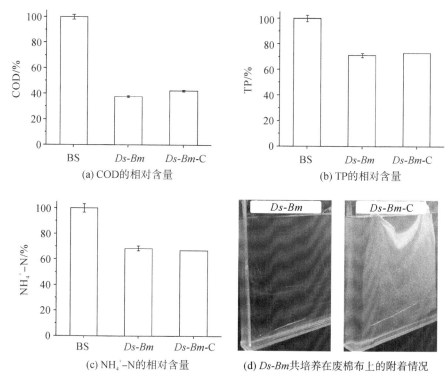

(a) COD的相对含量   (b) TP的相对含量

(c) NH₄⁺-N的相对含量   (d) Ds-Bm共培养在废棉布上的附着情况

BS—沼液；Ds-Bm—悬浮藻菌体系；Ds-Bm-C—废棉布固定化藻菌体系。

图5-8　在竖立平板式光生物反应器中悬浮藻菌体系和废棉布固定化
藻菌体系处理沼液3 d后的污染物含量及生物量

5.4.5　斜面平板式光生物反应器中以废棉布为载体处理人工沼液

　　本研究每天收集处理后的沼液样品，进行污染物浓度检测。结果如图5-9所示。在斜面平板式光生物反应器中，以废棉布为载体的固定化藻菌体系能有效去除沼液中各项污染物。该固定化藻菌体系处理3 d后COD、TP和NH₄⁺-N的去除率分别为99%、72%和83%[图5-9(a)(b)(c)]，与5.4.4中的固定化藻菌体系处理3 d相比，分别提高了72%、167%和152%。该固定化藻菌体系处理6 d后COD、TP和NH₄⁺-N的去除率分别为100%、98%和93%[图5-9(a)(b)(c)]，与5.4.3中的固定化藻菌体系处理6 d相比，分别提高了10%、11%和25%，与5.4.2中的固定化藻菌体系处理6 d相比，分别提高了32%、52%和42%。需要注意的是，本研究中COD的检测方法参考《水和废水监测分析方法》[207]，其检测最低限为15 mg/L，经反应器处理后，沼液中的COD浓度低于检测限,导致 COD 去除率达到 100%。研究表明,开放式光生物反应器中藻类生物量浓度约为 0.5 g/L,封闭式光生物反应器中藻类生物量浓度可以达到 2~6 g/L,固定化培养能够克服藻类收集的高成本问题[291]。本研究中,固定化藻菌体系的细胞干重达到 3.45 g/L[图 5 - 9(d)]。因此,将以废棉布为载体固定藻菌共培养的技术应用于斜面平板式光生物反应器中,可实现规模化处理沼液的同时,收获藻菌生物质。

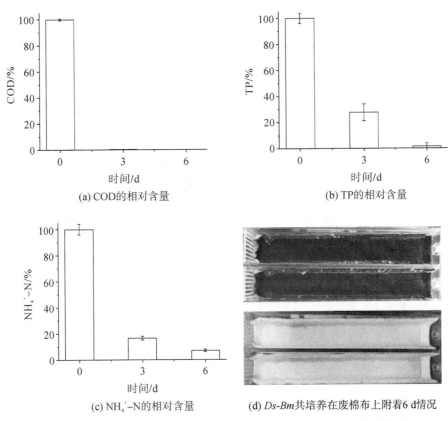

BS—沼液;Ds-Bm—悬浮藻菌体系;Ds-Bm -C—废棉布固定化藻菌体系。

图 5 - 9　在斜面平板式光生物反应器中废棉布固定化藻菌体系

处理沼液 3 d 和 6 d 后的污染物含量及生物量

5.4.6　固定化光生物反应器的优势

藻菌固定化技术能够对微藻及其互利共生细菌进行有效固定,与悬浮体系相比能够提高体系中微藻和细菌的生物量,从而提高藻菌共培养体系处理废水的效率。藻菌固定化技术能够实现藻菌细胞和废水的有效分离,提升藻菌共培养体系的存活时间,保持藻菌细胞的活力,提升藻菌共培养体系连续处理废水的能力。将藻菌固定化技术投入光生物反应器中应用可以进一步提高藻菌生物量并提升藻菌共培养体系处理废水的效率。

5.4.3 中以松木屑为固定化载体的竖立平板式光生物反应器,是基于传统的藻菌悬浮培养技术进行改良的反应器。该反应器充分保留了悬浮培养的优点,于未来实际生产应用中,可以在降低藻菌生物质生产成本,提高生物质收获效率的同时充分利用已有资源,减少建设投资。该固定化光生物反应器是介于藻菌悬浮培养技术和藻菌生物膜培养技术之间的过渡性技术。5.4.5 中以废棉布为固定化载体的斜面平板式光生物反应器,是一种生物膜载体不进行机械运动的藻菌附着培养系统。该反应器中固定化载体静止不动,培养液或废水流经载体表面并渗入材料内部为藻菌生物质提供养分。固定在载体材料上的藻菌生物质损失小,基本被全部保留。形成的藻菌生物膜同时从空气中吸收 CO_2/O_2 和从废水中吸收营养物质,藻菌生物膜含水量较低,藻菌生物质对 CO_2/O_2 同化效率更高,系统生长速率及废水处理效率更高。

上述两种固定化光生物反应器均是基于藻菌生物膜附着生长技术而开发获得,相比而言,以废棉布为固定化载体的斜面平板式光生物反应器在沼液处理和藻菌生物质收获方面更具优势。主要体现在以下几个方面:

(1)藻菌生物膜直接暴露于空气中,可以直接利用空气中的 CO_2/O_2,与悬浮培养技术相比,既能减少高耗能的曝气,又能提高传质效率。

(2)光能直接照射在藻菌生物膜表面,与悬浮培养技术相比,光能在生物膜内部的透射传播更快,生物膜内部接收有效辐射的细胞更多,从而大大提高藻菌生物膜的光能利用率。

(3)藻菌细胞与培养液有效分离,无需经过过滤、气浮、絮凝或离心等高能耗处理,通过简单刮除即可收获藻菌生物质,从而提高收获效率并降低收获成本。

5.5 小结

本章首先在摇瓶中检测了松木屑和废棉布固定藻菌共培养物的效果,以及两种固定化藻菌体系处理沼液的效果。然后将两种固定化藻菌体系分别在两种不同结构的光生物反应器中放大应用,评估其规模化处理沼液的能力。以期基于废物资源化利用的基础上,实现沼液规模化处理和藻菌生物质收获。主要结论如下:

1.以 0.5 g/L 松木屑作为固定化载体,*Ds-Bm* 共培养在松木屑上的附着效果较好,生物量达到 0.61 g/L。并且与悬浮藻菌体系相比,该固定化藻菌体系对沼液中 COD、TP 和 NH_4^+-N 的去除率分别提高了 35%、50% 和 20%,分别达到 93%、55% 和 43%。

2.以废棉布作为固定化载体,*Ds-Bm* 共培养在其上附着效果较好,生物量达到 0.35 g/L。并且与悬浮藻菌体系相比,该固定化藻菌体系对沼液中 COD、TP 和 NH_4^+-N 的去除率分别提高了 57%、48% 和 96%,分别达到 76%、64% 和 66%。

3.以松木屑为载体的固定化藻菌体系在竖立平板式光生物反应器中应用时,其细胞干重达到 2.05 g/L,对沼液中 COD、TP 和 NH_4^+-N 的去除率分别达到 91%、89% 和 74%,与其在锥形瓶中应用时相比,TP 和 NH_4^+-N 的去除率分别提高了 61% 和 73%。

4.以废棉布为载体的固定化藻菌体系在斜面平板式光生物反应器中应用时,其细胞干重达到 3.45 g/L,对沼液中 COD、TP 和 NH_4^+-N 的去除率分别达到 100%、98% 和 93%,与其在锥形瓶中应用时相比,COD、TP 和 NH_4^+-N 的去除率分别提高了 32%、52% 和 42%。

5.以松木屑和废棉布为藻菌固定化载体,并分别在竖立和斜面平板式光生物反应器中应用,可实现规模化处理沼液的同时,收获藻菌生物质。经上述两种反应器处理的沼液中 COD、TP 和 NH_4^+-N 浓度均符合《畜禽养殖业污染物排放标准》(GB 18596—2001)要求。

第6章

微藻处理废水和微藻生物质生产耦合技术展望

微藻生物质是生产生物燃料和分离工业上各种重要生物分子(如脂质、多糖、蛋白质、色素和维生素)的潜在生物库。这些分子在不同行业中可用于开发高附加值产品,如保健营养品、动物饲料、生物肥料、食品加工和化妆品等。微藻脂质可以通过酯交换生成生物柴油,是一种可持续可再生的能源。微藻可以通过生物吸附过程修复废水中的营养物、污染物和重金属等。微藻生物质的应用十分广泛,但仍需开发规模化和低成本的方法,以提高微藻生物质利用的经济可行性。

将微藻培养和生物炼制相结合,可以弥补大规模培养用于生产生物柴油的藻类生物质的成本。就特定的生物炼制方法而言,脂质技术被广泛接受。未来研究中亟需突破的技术关键在于有效的提取、分离和纯化生物分子。生物炼制过程的设计应适用于各种市场场景,例如生物燃料、化学品、食品/饲料、食品添加剂和化妆品/医疗保健品的生产。为了使微藻生物技术具有可持续性、实用性和商业可行性,为集中生物质发电开发成熟的微藻培养技术也至关重要。因此,需要在各领域进行深入研究以建立有效的生物燃料生产协作计划。

尽管生产微藻生物柴油有各种好处,但大规模生产的经济可行性尚未实现,阻碍了它与化石柴油的真正竞争。与传统使用的化石柴油相比,基于藻类生物质生产生物柴油的成本更高。因此,提高微藻生物燃料的经济性至关重要。为了保证微藻生物柴油大规模生产的经济可行性,迫切需要对微藻生物柴油进行实质性的改进和发展。微藻生物质的预处理是生产过程中的一个密集且昂贵的阶段。必须大幅降低微藻生物燃料和其他工业必需生物分子的生产成本，以实现可持续的能源生产。生物炼制的稳定发展有助于实现可持续发展目标，可持续发展目标之一是通过改善基础设施和技术创新，加强所有发展中国家可持续能源的供应。由于微藻能够在高温废水中良好生长，以微藻为基础的生物燃料的加速发展已在中高温发展中国家展现广阔前景。因此，即使是拥有大面积干旱土地的国家，也可以努力探索本国田间栽培藻类的潜力。

在开发藻类生物质衍生生物燃料的过程中，应深入研究藻种的分离和筛选。生长速率高、产脂率高的微藻是微藻生物柴油生产的首选品种。同时还需选择合适的藻株能够去除废水中的营养物质和有毒化合物，因为微藻在废水中的生长情况取决于其性质特征。目标微藻的生长速度快，产脂量大，可以在露天池塘中大量繁殖，节省光生物反应器的投资成本。为了在废水中规模化培养微藻，需要在户外条件下培养抗菌藻株。但是，污染是将废水作为微藻规模化培养生长介质的主要制约因素，需要在未来研究中加以解决。因此，需要深入研究不同类型废水的特性并开发经济有效的方法来解决微藻培养过程中的污染问题。

微藻与细菌的共生关系可以减少微藻培养对淡水和养分的依赖，在处理废水耦合生物柴油生产方面具有良好的前景。微藻-细菌共生系统通过协同作用去除不同种类废水中的污染物，具有很大的潜力。该系统对二氧化碳的固定和碳足迹的减少有很大的帮助。微藻-细菌共生系统具有对污染物耐受能力强的特点，与常规废水处理、单菌系统或单藻系统相比，可以降低废水处理的能耗和成本。迄今为止，相关文献的可用性仍然有限。因此，继续开展利用微藻-细菌共生系统对污染物进行生物修复的研究具有重要意义。

微藻和细菌的生长以及对养分的吸收不仅受养分供应的影响，还受光照强度、pH、温度和生物因子等环境参数的影响。微藻-细菌协同代谢在废水处理中的应用可能会对微藻和细菌产生不利影响。高浓度的诱导基质和难降解的有机物会影响微生物的活性。高浓度的持久性有机污染物还能诱导微藻-细菌共生系统中活性氧自由基的产生。这些自由基的产生可能进一步引发氧化应激，从而对微藻和细菌的抗氧化酶系统产生破坏性影响。因此，监测、控制和优化微藻-细菌共生系统在废水处理中的应用参数，以达到更高的处理效率和可重复性，具有重要意义。未来可以对悬浮微藻-细菌系统、固定化微藻-细菌系统、微藻-细菌生物膜系统等进行研究，开发更成熟、更有效的废水处理工艺。

参考文献

［1］ PROSEKOV A, IVANOVA S. Food security: The challenge of the present[J]. Geoforum, 2018, 91:73 - 77.

［2］ ZHOU W, CHEN P, MIN M, et al. Environment-enhancing algal biofuel production using wastewaters[J]. Renewable and Sustainable Energy Reviews, 2014, 36:256 - 269.

［3］ ZHANG D, JIANG J, ZHANG L, et al. Research on seamless switching control strategy for T-type three-level energy storage inverter based on virtual synchronous generator[J]. Journal of Engineering, 2017, 13:1524 - 1527.

［4］ GARCIA D, POSADAS E, GRAJEDA C, et al. Comparative evaluation of piggery wastewater treatment in algal-bacterial photobioreactors under indoor and outdoor conditions[J]. Bioresource Technology, 2017, 245:483 - 490.

［5］ SCARLAT N, FAHL F, DALLEMAND J, et al. A spatial analysis of biogas potential from manure in Europe[J]. Renewable and Sustainable Energy Reviews, 2018, 94:915 - 930.

［6］ CHYNOWETH D, WILKIE A, OWENS J. Anaerobic treatment of piggery slurry: A review[J]. Asian-Australasian Journal of Animal Sciences, 1999, 12(4):607 - 628.

［7］ CHENG D, NGO H, GUO W, et al. Microalgae biomass from swine wastewater and its conversion to bioenergy[J]. Bioresource Technology, 2019, 275:109 - 122.

［8］ HU Y, CHENG H, TAO S. Environmental and human health challenges of industrial livestock and poultry farming in China and their mitigation[J]. Environment International, 2017, 107:111 - 130.

［9］ SCHAFFNER M, BADER H, SCHEIDEGGER R. Modeling the contribution of pig farming to pollution of the Thachin River[J]. Clean Technologies and Environmental Policy, 2010, 12(4):407 – 425.

[10] GIANNUZZI L, SEDAN D, ECHENIQUE R, et al. An acute case of intoxication with cyanobacteria and cyanotoxins in recreational water in Salto Grande Dam, Argentina[J]. Marine Drugs, 2011, 9(11):2164 – 2175.

[11] ZHANG D, WANG X, ZHOU Z. Impacts of small-scale industrialized swine farming on local soil, water and crop qualities in a hilly red soil region of subtropical China[J]. International Journal of Environmental Research and Public Health, 2017, 14(12): 1 – 17.

[12] NKOA R. Agricultural benefits and environmental risks of soil fertilization with anaerobic digestates: A review[J]. Agronomy for Sustainable Development, 2014, 34(2):473 – 492.

[13] TIGINI V, FRANCHINO M, BONA F, et al. Is digestate safe? A study on its ecotoxicity and environmental risk on a pig manure[J]. Science of Total Environment, 2016, 551: 127 – 132.

[14] SANCHEZ M, GONZALEZ J. The fertilizer value of pig slurry. Ⅰ. Values depending on the type of operation[J]. Bioresource Technology, 2005, 96(10):1117 – 1123.

[15] HSU J, LO S. Chemical and spectroscopic analysis of organic matter transformations during composting of pig manure[J]. Environmental Pollution, 1999, 104(2):189 – 196.

[16] WU H, ZHANG J, NGO H, et al. A review on the sustainability of constructed wetlands for wastewater treatment: Design and operation[J]. Bioresource Technology, 2015, 175:594 – 601.

[17] VYMAZAL J. Removal of nutrients in various types of constructed wetlands[J]. Science of The Total Environment, 2007, 380(1 – 3):48 – 65.

[18] MISHRA S, MAITI A. The efficiency of *Eichhornia crassipes* in the removal of organic and inorganic pollutants from wastewater: A review[J]. Environmental Science and Pollution Research, 2017, 24(9):7921 – 7937.

[19] VAN-KESSEL M, SPETH D, ALBERTSEN M, et al. Complete nitrification by a single microorganism[J]. Nature, 2015, 528(7583):555 – 559.

[20] MIELCZAREK A, NGUYEN H, NIELSEN J, et al. Population dynamics of bacteria involved in enhanced biological phosphorus removal in Danish wastewater treatment plants[J]. Water Research, 2013, 47(4):1529 – 1544.

[21] CHAE K, JANG A, YIM S, et al. The effects of digestion temperature and temperature

shock on the biogas yields from the mesophilic anaerobic digestion of swine manure[J]. Bioresource Technology，2008，99(1):1 - 6.

[22] CHANG C，LEE T，LIN W，et al. Electricity generation using biogas from swine manure for farm power requirement[J]. International Journal of Green Energy，2015，12(4):339 - 346.

[23] MASOJIDEK J，KOBLIEK M，TORZILLO G. Photosynthesis in microalgae[M]//AMOS R. Handbook of microalgal culture. Oxford: Blackwell Publishing，2004:20 - 39.

[24] HU J，NAGARAJAN D，ZHANG Q，et al. Heterotrophic cultivation of microalgae for pigment production: A review[J]. Biotechnology Advances，2018，36(1):54 - 67.

[25] CHEN C，YEH K，AISYAH R，et al. Cultivation，photobioreactor design and harvesting of microalgae for biodiesel production: A critical review[J]. Bioresource Technology，2011，102(1):71 - 81.

[26] MARKOU G，VANDAMME D，MUYLAERT K. Microalgal and cyano-bacterial cultivation: The supply of nutrients[J]. Water Research，2014，65:186 - 202.

[27] 陈洁，高超. Redfield 比值在富营养化研究中的应用及发展[J]. 四川环境，2016，35(6):109 - 114.

[28] MAYERS J，NILSSON A，SVENSSON E，et al. Integrating microalgal production with industrial outputs-reducing process inputs and quantifying the benefits[J]. Industrial Biotechnology，2016，12(4):219 - 234.

[29] IBEKWE A，MURINDA S，MURRY M，et al. Microbial community structures in high rate algae ponds for bioconversion of agricultural wastes from livestock industry for feed production[J]. Science of The Total Environment，2017，580:1185 - 1196.

[30] CHEN W，HUANG M，CHANG J，et al. Thermal decomposition dynamics and severity of microalgae residues in torrefaction[J]. Bioresource Technology，2014，169:258 - 264.

[31] RASLAVICIUS L，STRIUGAS N，FELNERIS M. New insights into algae factories of the future[J]. Renewable and Sustainable Energy Reviews，2018，81:643 - 654.

[32] CHEN W，LIN B，HUANG M，et al. Thermochemical conversion of microalgal biomass into biofuels: A review[J]. Bioresource Technology，2015，184:314 - 327.

[33] SHEN Y，LI H，ZHU W，et al. Microalgal-biochar immobilized complex: A novel efficient biosorbent for cadmium removal from aqueous solution[J]. Bioresource Technology，2017，244:1031 - 1038.

[34] YU K，LAU B，SHOW P，et al. Recent developments on algal biochar production and

characterization[J]. Bioresource Technology, 2017, 246:2 - 11.

[35] MADEIRA M, CARDOSO C, LOPES P, et al. Microalgae as feed ingredients for livestock production and meat quality: A review[J]. Livestock Science, 2017, 205:111 - 121.

[36] BROWN M, BLACKBURN S. Live microalgae as feeds in aquaculture hatcheries[M]//ALLAN G, BURNELL G. Advances in aquaculture hatchery technology. Cambridge: Woodhead Publishing, 2013:117 - 158e.

[37] AZOV Y, GOLDMAN J. Free ammonia inhibition of algal photosynthesis in intensive cultures[J]. Applied and Environmental Microbiology, 1982, 43(4):735 - 739.

[38] DRATH M, KLOFT N, BATSCHAUER A, et al. Ammonia triggers photodamage of photosystem II in the cyanobacterium *Synechocystis* sp. strain PCC 6803[J]. Plant Physiology, 2008, 147(1):206 - 215.

[39] GUTIERREZ J, KWAN T, ZIMMERMAN J, et al. Ammonia inhibition in oleaginous microalgae[J]. Algal Research, 2016, 19:123 - 127.

[40] MARKOU G, DEPRAETERE O, MUYLAERT K. Effect of ammonia on the photosynthetic activity of *Arthrospira* and *Chlorella*: A study on chlorophyll fluorescence and electron transport[J]. Algal Research, 2016, 16:449 - 457.

[41] GONZALEZ C, MARCINIAK J, VILLAVERDE S, et al. Microalgae-based processes for the biodegradation of pretreated piggery wastewaters[J]. Applied Microbiology and Biotechnology, 2008, 80(5):891 - 898.

[42] HELLEBUST J, AHMAD I. Regulation of nitrogen assimilation in green microalgae [J]. Biological Oceanography, 1989, 6:241 - 255.

[43] PEREZ-GARCIA O, ESCALANTE F, DE BASHAN L, et al. Heterotrophic cultures of microalgae: Metabolism and potential products[J]. Water Research, 2011, 45(1):11 - 36.

[44] FRANCO A, CARDENAS J, FERNANDEZ E. Regulation by ammonium of nitrate and nitrite assimilation in *Chlamydomonas reinhardtii*[J]. Biochimica Et Biophysica Acta, 1988, 951(1):98 - 103.

[45] COLLOS Y, HARRISON P. Acclimation and toxicity of high ammonium concentrations to unicellular algae[J]. Marine Pollution Bulletin, 2014, 80(1 - 2):8 - 23.

[46] MARKOU G, VANDAMME D, MUYLAERT K. Ammonia inhibition on *Arthrospira platensis* in relation to the initial biomass density and pH[J]. Bioresource Technology, 2014, 166:259 - 265.

[47] YUAN X, KUMAR A, SAHU A, et al. Impact of ammonia concentration on *Spirulina*

platensis growth in an airlift photobioreactor[J]. Bioresource Technology, 2011, 102 (3):3234 – 3239.

[48] AYRE J, MOHEIMANI N, BOROWITZKA M. Growth of microalgae on undiluted anaerobic digestate of piggery effluent with high ammonium concentrations[J]. Algal Research, 2017, 24:218 – 226.

[49] UGGETTI E, SIALVE B, LATRILLE E, et al. Anaerobic digestate as substrate for microalgae culture: The role of ammonium concentration on the microalgae productivity[J]. Bioresource Technology, 2014, 152:437 – 443.

[50] PATEL A, BARRINGTON S, LEFSRUD M. Microalgae for phosphorus removal and biomass production: a six species screen for dual-purpose organisms[J]. Global Chance Biology Bioenergy, 2012, 4(5):485 – 495.

[51] DYHRMAN S. Nutrients and their acquisition: phosphorus physiology in microalgae [M]//BOROWITZKA M, BEARDALL J, RAVEN J. The physiology of microalgae. Cham, Switzerland: Springer, 2016:155 – 183.

[52] LI X, HU H, GAN K, et al. Effects of different nitrogen and phosphorus concentrations on the growth, nutrient uptake, and lipid accumulation of a freshwater microalga *Scenedesmus* sp. [J]. Bioresource Technology, 2010, 101(14):5494 – 5500.

[53] POWELL N, SHILTON A, PRATT S, et al. Luxury uptake of phosphorus by microalgae in full-scale waste stabilisation ponds[J]. Water Science and Technology, 2011, 63 (4):704 – 709.

[54] CHENG H, LIU Q, ZHAO G, et al. The comparison of three common microalgae for treating piggery wastewater[J]. Desalination and Water Treatment, 2017, 98:59 – 65.

[55] MARJAKANGAS J, CHEN C, LAKANIEMI A, et al. Selecting an indigenous microalgal strain for lipid production in anaerobically treated piggery wastewater[J]. Bioresource Technology, 2015, 191:369 – 376.

[56] KUO C, CHEN T, LIN T, et al. Cultivation of *Chlorella* sp. GD using piggery wastewater for biomass and lipid production[J]. Bioresource Technology, 2015, 194: 326 – 333.

[57] GANESHKUMAR V, SUBASHCHANDRABOSE S, DHARMARAJAN R, et al. Use of mixed wastewaters from piggery and winery for nutrient removal and lipid production by *Chlorella* sp. MM3[J]. Bioresource Technology, 2018, 256:254 – 258.

[58] MOHEIMANI N, VADIVELOO A, AYRE J, et al. Nutritional profile and in vitro

digestibility of microalgae grown in anaerobically digested piggery effluent[J]. Algal Research, 2018, 35:362 - 369.

[59] WANG Y, GUO W, YEN H, et al. Cultivation of *Chlorella vulgaris* JSC - 6 with swine wastewater for simultaneous nutrient/COD removal and carbohydrate production[J]. Bioresource Technology, 2015, 198:619 - 625.

[60] AN J, SIM S, LEE J, et al. Hydrocarbon production from secondarily treated piggery wastewater by the green alga *Botryococcus braunii*[J]. Journal of Applied Phycology, 2003, 15(2 - 3):185 - 191.

[61] KIM M, PARK J, PARK C, et al. Enhanced production of *Scenedesmus* spp. (green microalgae) using a new medium containing fermented swine wastewater[J]. Bioresource Technology, 2007, 98(11):2220 - 2228.

[62] KANG C, AN J, PARK T, et al. Astaxanthin biosynthesis from simultaneous N and P uptake by the green alga *Haematococcus pluvialis* in primary-treated wastewater[J]. Biochemical Engineering Journal, 2006, 31(3):234 - 238.

[63] XU J, ZHAO Y, ZHAO G, et al. Nutrient removal and biogas upgrading by integrating freshwater algae cultivation with piggery anaerobic digestate liquid treatment [J]. Applied Microbiology and Biotechnology, 2015, 99(15):6493 - 6501.

[64] PRANDINI J, DA SILVA M, MEZZARI M, et al. Enhancement of nutrient removal from swine wastewater digestate coupled to biogas purification by microalgae *Scenedesmus* spp. [J]. Bioresource Technology, 2016, 202:67 - 75.

[65] OTONDO A, KOKABIAN B, STUART-DAHL S, et al. Energetic evaluation of wastewater treatment using microalgae, *Chlorella vulgaris*[J]. Journal of Environmental Chemical Engineering, 2018, 6(2):3213 - 3222.

[66] PASSOS F, GUTIERREZ R, UGGETTI E, et al. Towards energy neutral microalgae-based wastewater treatment plants[J]. Algal Research, 2017, 28:235 - 243.

[67] GARFI M, FLORES L, FERRER I. Life Cycle Assessment of wastewater treatment systems for small communities: Activated sludge, constructed wetlands and high rate algal ponds[J]. Journal of Cleaner Production, 2017, 161:211 - 219.

[68] HAN J, THOMSEN L, PAN K, et al. Two-step process: Enhanced strategy for wastewater treatment using microalgae[J]. Bioresource Technology, 2018, 268:608 - 615.

[69] MILANO J, ONG H, MASJUKI H, et al. Microalgae biofuels as an alternative to fossil fuel for power generation[J]. Renewable and Sustainable Energy Reviews, 2016, 58:180 - 197.

［70］ KESAANO M, SMITH T, WOOD J, et al. Applications of algal biofilms for wastewater treatment and bioproduct production[M]//SINGH B, BAUDDH K, BUX F. Algae and environmental sustainability: Developments in applied phycology. New Delhi: Springer, 2015, 7:23 - 31.

［71］ PARK J, CRAGGS R, SHILTON A. Recycling algae to improve species control and harvest efficiency from a high rate algal pond[J]. Water Research, 2011, 45(20):6637 - 6649.

［72］ PITTMAN J, DEAN A, OSUNDEKO O. The potential of sustainable algal biofuel production using wastewater resources[J]. Bioresource Technology, 2011, 102(1):17 - 25.

［73］ WANG M, SAHU A, RUSTEN B, et al. Anaerobic co-digestion of microalgae *Chlorella* sp. and waste activated sludge[J]. Bioresource Technology, 2013, 142:585 - 590.

［74］ WANG M, PARK C. Investigation of anaerobic digestion of *Chlorella* sp. and *Micractinium* sp. grown in high-nitrogen wastewater and their co-digestion with waste activated sludge[J]. Biomass and Bioenergy, 2015, 80:30 - 37.

［75］ COLE J. Interactions between bacteria and algae in aquatic ecosystems[J]. Annual Review of Ecology and Systematics, 1982, 13(1):291 - 314.

［76］ GOECKE F, LABES A, WIESE J, et al. Chemical interactions between marine macroalgae and bacteria[J]. Marine Ecology Progress Series, 2010, 409:267 - 299.

［77］ HALFHIDE T, ÅKERSTROM A, LEKANG O, et al. Production of algal biomass, chlorophyll, starch and lipids using aquaculture wastewater under axenic and non-axenic conditions[J]. Algal Research, 2014, 6:152 - 159.

［78］ LIU H, LU Q, WANG Q, et al. Isolation of a bacterial strain, *Acinetobacter* sp. from centrate wastewater and study of its cooperation with algae in nutrients removal[J]. Bioresource Technology, 2017, 235:59 - 69.

［79］ MURRAY R, COOKSEY K, PRISCU J. Stimulation of bacterial DNA synthesis by algal exudates in attached algal-bacterial consortia [J]. Applied and Environmental Microbiology, 1986, 52(5):1177 - 1182.

［80］ WINDLER M, BOVA D, KRYVENDA A, et al. Influence of bacteria on cell size development and morphology of cultivated diatoms[J]. Phycological Research, 2014, 62(4): 269 - 281.

［81］ MUNOZ R, GUIEYSSE B. Algal-bacterial processes for the treatment of hazardous contaminants: A review[J]. Water Research, 2006, 40(15):2799 - 2815.

［82］ SONG H, DING M, JIA X, et al. Synthetic microbial consortia: from systematic analy-

sis to construction and applications[J]. Chemical Society Reviews, 2014, 43(20):6954 –
6981.

[83] FAUST K, RAES J. Microbial interactions: from networks to models[J]. Nature
Reviews Microbiology, 2012, 10(8):538 – 550.

[84] CROFT M, LAWRENCE A, RAUX-DEERY E, et al. Algae acquire vitamin B_{12}
through a symbiotic relationship with bacteria[J]. Nature, 2005, 438(7064):90 – 93.

[85] LAU S, SHAO N, BOCK R, et al. Auxin signaling in algal lineages: fact or myth?
[J]. Trends in Plant Science, 2009, 14(4):182 – 188.

[86] TARAKHOVSKAYA E, MASLOV Y, SHISHOVA M. Phytohormones in algae[J].
Russian Journal of Plant Physiology, 2007, 54(2):163 – 170.

[87] VANCE B. Phytohormone effects on cell division in *Chlorella pyrenoidosa* chick (TX – 7 –
11 –05) (chlorellaceae)[J]. Journal of Plant Growth Regulation, 1987, 5(3):169 – 173.

[88] KAZAMIA E, CZESNICK H, THI T, et al. Mutualistic interactions between vitamin
B_{12}-dependent algae and heterotrophic bacteria exhibit regulation[J]. Environmental
Microbiology, 2012, 14(6):1466 – 1476.

[89] HOH D, WATSON S, KAN E. Algal biofilm reactors for integrated wastewater treatment
and biofuel production: A review[J]. Chemical Engineering Journal, 2016, 287:466 – 473.

[90] MUNOZ R, GUIEYSSE B. Algal-bacterial processes for the treatment of hazardous con-
taminants: A review[J]. Water Research, 2006, 40(15):2799 – 2815.

[91] FUKAMI K, NISHIJIMA T, ISHIDA Y. Stimulative and inhibitory effects of bacteria
on the growth of microalgae[J]. Hydrobiologia, 1997, 358:185 – 191.

[92] DE GODOS I, GONZALEZ C, BECARES E, et al. Simultaneous nutrients and carbon
removal during pretreated swine slurry degradation in a tubular biofilm photobioreactor
[J]. Applied Microbiology and Biotechnology, 2009, 82(1):187 – 194.

[93] CHOI O, DAS A, YU C, et al. Nitrifying bacterial growth inhibition in the presence of algae
and cyanobacteria[J]. Biotechnology and Bioengineering, 2010, 107(6):1004 – 1011.

[94] RISGAARD-PETERSEN N, NICOLAISEN M, REVSBECH N, et al. Competition between
ammonia-oxidizing bacteria and benthic microalgae[J]. Applied and Environmental Microbiology,
2004, 70(9):5528 – 5537.

[95] SU Y, MENNERICH A, URBAN B. Synergistic cooperation between wastewater-born
algae and activated sludge for wastewater treatment: Influence of algae and sludge inocu-
lation ratios[J]. Bioresource Technology, 2012, 105:67 – 73.

[96] ZHANG Y, NOORI J, ANGELIDAKI I. Simultaneous organic carbon, nutrients removal and energy production in a photomicrobial fuel cell (PFC)[J]. Energy and Environmental Science, 2011, 4(10):4340 – 4346.

[97] DE GODOS I, ARBIB Z, LARA E, et al. Evaluation of High Rate Algae Ponds for treatment of anaerobically digested wastewater: Effect of CO_2 addition and modification of dilution rate[J]. Bioresource Technology, 2016, 220:253 – 261.

[98] PARK J, CRAGGS R, SHILTON A. Wastewater treatment high rate algal ponds for biofuel production[J]. Bioresource Technology, 2011, 102(1):35 – 42.

[99] OGBONNA J, TANAKA H. Light requirement and photosynthetic cell cultivation – development of processes for efficient light utilization in photobioreactors[J]. Journal of Applied Phycology, 2000, 12(3 – 5):207 – 218.

[100] TORZILLO G, PUSHPARAJ B, MASOJIDEK J, et al. Biological constraints in algal biotechnology[J]. Biotechnology and Bioprocess Engineering, 2003, 8(6):338 – 348.

[101] BOUTERFAS R, BELKOURA M, DAUTA A. Light and temperature effects on the growth rate of three freshwater algae isolated from a eutrophic lake[J]. Hydrobiologia, 2002, 489(1 – 3):207 – 217.

[102] SINGH S, SINGH P. Effect of temperature and light on the growth of algae species: A review[J]. Renewable and Sustainable Energy Reviews, 2015, 50:431 – 444.

[103] YOSHIKA T, SAIJO Y. Photoinhibition and recovery of NH_4^+ oxidizing bacteria and NO_2^- oxidizing bacteria[J]. Journal of General and Applied Microbiology, 1984, 30 (3):151 – 166.

[104] VERGARA C, MUNOZ R, CAMPOS J, et al. Influence of light intensity on bacterial nitrifying activity in algal-bacterial photobioreactors and its implications for microalgae-based wastewater treatment[J]. International Biodeterioration and Biodegradation, 2016, 114:116 – 121.

[105] LIPSCHULTZ F, WOFSY S, FOX L. The effects of light and nutrients on rates of ammonium transformation in a eutrophic river[J]. Marine Chemistry, 1985, 16(4):329 – 341.

[106] HALFHIDE T, DALRYMPLE O, WILKIE A, et al. Growth of an indigenous algal consortium on anaerobically digested municipal sludge centrate: Photobioreactor performance and modeling[J]. Bioenergy Research, 2015, 8(1):249 – 258.

[107] MUJTABA G, RIZWAN M, LEE K. Removal of nutrients and COD from wastewater using symbiotic co-culture of bacterium *Pseudomonas putida* and immobilized microalga *Chlorella*

vulgaris[J]. Journal of Industrial and Engineering Chemistry, 2017, 49:145 - 151.

[108] JI X, JIANG M, ZHANG J, et al. The interactions of algae-bacteria symbiotic system and its effects on nutrients removal from synthetic wastewater[J]. Bioresource Technology, 2018, 247:44 - 50.

[109] RAMANAN R, KIM B, CHO D, et al. Algae-bacteria interactions: Evolution, ecology and emerging applications[J]. Biotechnology Advances, 2016, 34(1):14 - 29.

[110] LI K, LIU Q, FANG F, et al. Microalgae-based wastewater treatment for nutrients recovery: A review[J]. Bioresource Technology, 2019, 291:1 - 16.

[111] GONCALVES A, PIRES J, SIMOES M. A review on the use of microalgal consortia for wastewater treatment[J]. Algal Research, 2017, 24:403 - 415.

[112] WANG L, LIU J, ZHAO Q, et al. Comparative study of wastewater treatment and nutrient recycle via activated sludge, microalgae and combination systems[J]. Bioresource Technology, 2016, 211:1 - 5.

[113] GONCALVES A, PIRES J, SIMOES M. Wastewater polishing by consortia of *Chlorella vulgaris* and activated sludge native bacteria[J]. Journal of Cleaner Production, 2016, 133:348 - 357.

[114] SHEN Y, GAO J, LI L. Municipal wastewater treatment via co-immobilized microalgal-bacterial symbiosis: Microorganism growth and nutrients removal[J]. Bioresource Technology, 2017, 243:905 - 913.

[115] BELTRAN-ROCHA J, BARCELO-QUINTAL I, GARCIA-MARTINEZ M, et al. Polishing of municipal secondary effluent using native microalgae consortia[J]. Water Science and Technology, 2017, 75(7):1693 - 1701.

[116] USHA M, CHANDRA T, SARADA R, et al. Removal of nutrients and organic pollution load from pulp and paper mill effluent by microalgae in outdoor open pond[J]. Bioresource Technology, 2016, 214:856 - 860.

[117] MAZA-MARQUEZ P, GONZALEZ-MARTINEZ A, RODELAS B, et al. Full-scale photobioreactor for biotreatment of olive washing water: Structure and diversity of the microalgae-bacteria consortium[J]. Bioresource Technology, 2017, 238:389 - 398.

[118] KIM H, CHOI Y, JEON H, et al. Growth promotion of *Chlorella vulgaris* by modification of nitrogen source composition with symbiotic bacteria, *Microbacterium* sp. HJ1 [J]. Biomass and Bioenergy, 2015, 74:213 - 219.

[119] MURADOV N, TAHA M, MIRANDA A, et al. Fungal-assisted algal flocculation:

application in wastewater treatment and biofuel production[J]. Biotechnology for Biofuels, 2015, 8:1 – 23.

[120] LEE C, OH H S, OH H M, et al. Two-phase photoperiodic cultivation of algal-bacterial consortia for high biomass production and efficient nutrient removal from municipal wastewater[J]. Bioresource Technology, 2016, 200:867 – 875.

[121] HUANG W, LI B, ZHANG C, et al. Effect of algae growth on aerobic granulation and nutrients removal from synthetic wastewater by using sequencing batch reactors[J]. Bioresource Technology, 2015, 179:187 – 192.

[122] ROUDSARI F, MEHRNIA M, ASADI A, et al. Effect of microalgae/activated sludge ratio on cooperative treatment of anaerobic effluent of municipal wastewater[J]. Applied Biochemistry and Biotechnology, 2014, 172(1):131 – 140.

[123] LEI Y, TIAN Y, ZHANG J, et al. Microalgae cultivation and nutrients removal from sewage sludge after ozonizing in algal-bacteria system[J]. Ecotoxicology and Environmental Safety, 2018, 165:107 – 114.

[124] WANG X, SONG W, LI N, et al. Ultraviolet-B radiation of *Haematococcus pluvialis* for enhanced biological contact oxidation pretreatment of black odorous water in the symbiotic system of algae and bacteria[J]. Biochemical Engineering Journal, 2020, 157:1 – 11.

[125] FAN X, LI H, YANG P, et al. Effect of C/N ratio and aeration rate on performance of internal cycle MBR with synthetic wastewater[J]. Desalination and Water Treatment, 2015, 54(3):573 – 580.

[126] JIANG M, LI H, ZHOU Y, et al. The interactions of an algae-fungi symbiotic system influence nutrient removal from synthetic wastewater[J]. Journal of Chemical Technology and Biotechnology, 2019, 94(12):3993 – 3999.

[127] ABELIOVICH A. Algae in wastewater oxidation ponds[M]//RICHMOND A. Handbook of microalgal mass culture. Boca Raton, FL, US: CRC Press, 1986, 35:331 – 338.

[128] HOFFMANN J. Wastewater treatment with suspended and nonsuspended algae[J]. Journal of Phycology, 1998, 34(5):757 – 763.

[129] CRAGGS R, SUTHERLAND D, CAMPBELL H. Hectare-scale demonstration of high rate algal ponds for enhanced wastewater treatment and biofuel production[J]. Journal of Applied Phycology, 2012, 24(3):329 – 337.

[130] OSWALD W, GOLUEKE C. Biological transformation of solar energy[J]. Advances in

Applied Microbiology, 1960, 2:223 - 262.

[131] GARCIA J, MUJERIEGO R, HERNANDEZ-MARINE M. High rate algal pond operating strategies for urban wastewater nitrogen removal[J]. Journal of Applied Phycology, 2000, 12(3 - 5):331 - 339.

[132] GARCIA J, GREEN B, LUNDQUIST T, et al. Long term diurnal variations in contaminant removal in high rate ponds treating urban wastewater[J]. Bioresource Technology, 2006, 97(14):1709 - 1715.

[133] DEVILLER G, ALIAUME C, NAVA M, et al. High-rate algal pond treatment for water reuse in an integrated marine fish recirculating system: effect on water quality and sea bass growth[J]. Aquaculture, 2004, 235(1 - 4):331 - 344.

[134] CRAGGS R, PARK J, HEUBECK S, et al. High rate algal pond systems for low-energy wastewater treatment, nutrient recovery and energy production[J]. New Zealand Journal of Botany, 2014, 52(1):60 - 73.

[135] POSADAS E, MUNOZ A, GARCIA-GONZALEZ M, et al. A case study of a pilot high rate algal pond for the treatment of fish farm and domestic wastewaters[J]. Journal of Chemical Technology and Biotechnology, 2015, 90(6):1094 - 1101.

[136] UDUMAN N, QI Y, DANQUAH M, et al. Dewatering of microalgal cultures: A major bottleneck to algae-based fuels[J]. Journal of Renewable and Sustainable Energy, 2010, 2(1):012701.

[137] UDOM I, ZARIBAF B, HALFHIDE T, et al. Harvesting microalgae grown on wastewater [J]. Bioresource Technology, 2013, 139:101 - 106.

[138] GREEN F, LUNDQUIST T, OSWALD W. Energetics of advanced integrated wastewater pond systems[J]. Water Science and Technology, 1995, 31(12):9 - 20.

[139] WILEY P, BRENNEMAN K, JACOBSON A. Improved algal harvesting using suspended air flotation[J]. Water Environment Research, 2009, 81(7):702 - 708.

[140] CARBERRY J, GREENE R. Model of algal bacterial clay wastewater treatment system [J]. Water Science and Technology, 1992, 26(7 - 8):1697 - 1706.

[141] TREDICI M, ZITTELLI G. Efficiency of sunlight utilization: Tubular versus flat photobioreactors[J]. Biotechnology and Bioengineering, 1998, 57(2):187 - 197.

[142] MOLINUEVO-SALCES B, GARCIA-GONZALEZ M, GONZALEZ-FERNANDEZ C. Performance comparison of two photobioreactors configurations (open and closed to the atmosphere) treating anaerobically degraded swine slurry[J]. Bioresource Technology,

，101(14)：5144 - 5149.

[143] TORZILLO G, PUSHPARAJ B, BOCCI F, et al. Production of *Spirulina* biomass in closed photobioreactors[J]. Biomass, 1986, 11(1):61 - 74.

[144] MOLINA E, FERNANDEZ J, ACIEN F, et al. Tubular photobioreactor design for algal cultures[J]. Journal of Biotechnology, 2001, 92(2):113 - 131.

[145] BILANOVIC D, HOLLAND M, STAROSVETSKY J, et al. Co-cultivation of microalgae and nitrifiers for higher biomass production and better carbon capture[J]. Bioresource Technology, 2016, 220:282 - 288.

[146] UGWU C, AOYAGI H, UCHIYAMA H. Photobioreactors for mass cultivation of algae [J]. Bioresource Technology, 2008, 99(10):4021 - 4028.

[147] BOROWITZKA M. Commercial production of microalgae: ponds, tanks, and fermenters[J]. Journal of Biotechnology, 1999, 70(1 - 3):313 - 321.

[148] KESAANO M, SIMS R. Algal biofilm based technology for wastewater treatment[J]. Algal Research, 2014, 5:231 - 240.

[149] BOELEE N, TEMMINK H, JANSSEN M, et al. Nitrogen and phosphorus removal from municipal wastewater effluent using microalgal biofilms[J]. Water Research, 2011, 45(18):5925 - 5933.

[150] POSADAS E, GARCIA-ENCINA P, SOLTAU A, et al. Carbon and nutrient removal from centrates and domestic wastewater using algal-bacterial biofilm bioreactors[J]. Bioresource Technology, 2013, 139:50 - 58.

[151] GROSS M, MASCARENHAS V, WEN Z. Evaluating algal growth performance and water use efficiency of pilot-scale revolving algal biofilm (RAB) culture systems[J]. Biotechnology and Bioengineering, 2015, 112(10):2040 - 2050.

[152] GROSS M, JARBOE D, WEN Z. Biofilm-based algal cultivation systems[J]. Appled Microbiology and Biotechnology, 2015, 99(14):5781 - 5789.

[153] WILKIE A, MULBRY W. Recovery of dairy manure nutrients by benthic freshwater algae [J]. Bioresource Technology, 2002, 84(1):81 - 91.

[154] CHRISTENSON L, SIMS R. Rotating algal biofilm reactor and spool harvester for wastewater treatment with biofuels by-products[J]. Biotechnology and Bioengineering, 2012, 109(7):1674 - 1684.

[155] GROSS M, HENRY W, MICHAEL C, et al. Development of a rotating algal biofilm growth system for attached microalgae growth with in situ biomass harvest[J]. Bioresource

Technology, 2013, 150:195 – 201.

[156] JOHNSON M, WEN Z. Development of an attached microalgal growth system for bio-fuel production[J]. Applied Microbiology and Biotechnology, 2010, 85(3):525 – 534.

[157] MUNOZ R, KOLLNER C, GUIEYSSE B. Biofilm photobioreactors for the treatment of industrial wastewaters[J]. Journal of Hazardous Materials, 2009, 161(1):29 – 34.

[158] SHI J, PODOLA B, MELKONIAN M. Application of a prototype-scale twin-layer photobio-reactor for effective N and P removal from different process stages of municipal wastewater by immobilized microalgae[J]. Bioresource Technology, 2014, 154:260 – 266.

[159] NAUMANN T, ÇEBI Z, PODOLA B, et al. Growing microalgae as aquaculture feeds on twin-layers: a novel solid-state photobioreactor[J]. Journal of Applied Phycology, 2013, 25(5):1413 – 1420.

[160] GROSS M, WEN Z. Yearlong evaluation of performance and durability of a pilot-scale Revolving Algal Biofilm (RAB) cultivation system[J]. Bioresource Technology, 2014, 171:50 – 58.

[161] ZHANG L, CHEN L, WANG J, et al. Attached cultivation for improving the biomass productivity of *Spirulina platensis*[J]. Bioresource Technology, 2015, 181:136 – 142.

[162] GAO F, YANG Z, LI C, et al. A novel algal biofilm membrane photobioreactor for attached microalgae growth and nutrients removal from secondary effluent[J]. Bioresource Technology, 2015, 179:8 – 12.

[163] 成文龙, 张永刚, 张亚雷. 转录组学在微藻研究中的应用[J]. 区域治理, 2019, 37:168 – 171.

[164] SHEN Q, JIANG J, CHEN L, et al. Effect of carbon source on biomass growth and nutrients removal of *Scenedesmus obliquus* for wastewater advanced treatment and lipid production[J]. Bioresource Technology, 2015, 190:257 – 263.

[165] ABOU-SHANAB R, JI M, KIM H, et al. Microalgal species growing on piggery wastewater as a valuable candidate for nutrient removal and biodiesel production[J]. Journal of Environmental Management, 2013, 115:257 – 264.

[166] SAPRIEL G, QUINET M, HEIJDE M, et al. Genome-wide transcriptome analyses of silicon metabolism in *Phaeodactylum tricornutum* reveal the multilevel regulation of silicic acid transporters[J]. Plos One, 2009, 4(10):1 – 14.

[167] RISMANI-YAZDI H, HAZNEDAROGLU B, BIBBY K, et al. Transcriptome sequen-cing and annotation of the microalgae *Dunaliella tertiolecta*: Pathway description and

gene discovery for production of next-generation biofuels[J]. BMC Genomics, 2011, 12:1 – 17.

[168] BESZTERI S, YANG I, JAECKISCH N, et al. Transcriptomic response of the toxic prymnesiophyte *Prymnesium parvum* (N. Carter) to phosphorus and nitrogen starvation[J]. Harmful Algae, 2012, 18:1 – 15.

[169] SHRESTHA R, TESSON B, NORDEN-KRICHMAR T, et al. Whole transcriptome analysis of the silicon response of the diatom *Thalassiosira pseudonana*[J]. BMC Genomics, 2012, 13:1 – 16.

[170] WAN L, HAN J, SANG M, et al. De novo transcriptomic analysis of an oleaginous microalga: pathway description and gene discovery for production of next-generation biofuels[J]. Plos One, 2012, 7(4):1 – 14.

[171] WANG H, GAO L, SHAO H, et al. Lipid accumulation and metabolic analysis based on transcriptome sequencing of filamentous oleaginous microalgae *Tribonema minus* at different growth phases[J]. Bioprocess and Biosystems Engineering, 2017, 40(9): 1327 –1335.

[172] LIM D, SCHUHMANN H, THOMAS-HALL S, et al. RNA-Seq and metabolic flux analysis of *Tetraselmis* sp. M8 during nitrogen starvation reveals a two-stage lipid accumulation mechanism[J]. Bioresource Technology, 2017, 244:1281 – 1293.

[173] PENG H, WEI D, CHEN G, et al. Transcriptome analysis reveals global regulation in response to CO_2 supplementation in oleaginous microalga *Coccomyxa subellipsoidea* C – 169[J]. Biotechnology for Biofuels, 2016, 9:1 – 17.

[174] NIGG M, LAROCHE J, LANDRY C, et al. RNAseq analysis highlights specific transcriptome signatures of yeast and mycelial growth phases in the Dutch elm disease fungus *Ophiostoma novo-ulmi*[J]. G3-Genes Genomes Genetics, 2015, 5(11):2487 – 2495.

[175] DINIZ R, VILLADA J, ALVIM M, et al. Transcriptome analysis of the thermotolerant yeast *Kluyveromyces marxianus* CCT 7735 under ethanol stress[J]. Applied Microbiology and Biotechnology, 2017, 101(18):6969 – 6980.

[176] AMIN S, HMELO L, VAN TOL H, et al. Interaction and signalling between a cosmopolitan phytoplankton and associated bacteria[J]. Nature, 2015, 522(7554):98 – 101.

[177] DURHAM B, SHARMA S, LUO H, et al. Cryptic carbon and sulfur cycling between surface ocean plankton[J]. Proceedings of the National Academy of Sciences of USA, 2015, 112(2):453 – 457.

[178] WANG H, TOMASCH J, JAREK M, et al. A dual-species co-cultivation system to study the interactions between *Roseobacters* and dinoflagellates[J]. Frontiers in Microbiology, 2014, 5:1 - 11.

[179] DE BASHAN L, BASHAN Y. Joint immobilization of plant growth-promoting bacteria and green microalgae in alginate beads as an experimental model for studying plant-bacterium interactions[J]. Applied and Environmental Microbiology, 2008, 74(21):6797 - 6802.

[180] ABED R. Interaction between cyanobacteria and aerobic heterotrophic bacteria in the degradation of hydrocarbons[J]. International Biodeterioration Biodegradation, 2010, 64(1):58 - 64.

[181] MOUGET J, DAKHAMA A, LAVOIE M, et al. Algal growth enhancement by bacteria: Is consumption of photosynthetic oxygen involved? [J]. FEMS Microbiology Ecology, 1995, 18(1):35 - 43.

[182] CHIU S, KAO C, CHEN T, et al. Cultivation of microalgal *Chlorella* for biomass and lipid production using wastewater as nutrient resource[J]. Bioresource Technology, 2015, 184:179 - 189.

[183] CAPORGNO M, TALEB A, OLKIEWICZ M, et al. Microalgae cultivation in urban wastewater: Nutrient removal and biomass production for biodiesel and methane[J]. Algal Research, 2015, 10:232 - 239.

[184] WANG X, BAO K, CAO W, et al. Screening of microalgae for integral biogas slurry nutrient removal and biogas upgrading by different microalgae cultivation technology [J]. Scientific Reports, 2017, 7:1 - 12.

[185] CHENG H, TIAN G. Identification of a newly isolated microalga from a local pond and evaluation of its growth and nutrients removal potential in swine breeding effluent[J]. Desalination and Water Treatment, 2013, 51(13 - 15):2768 - 2775.

[186] LICHTENTHALER H, WELLBURN A. Determinations of total carotenoids and chlorophylls a and b of leaf extracts in different solvents[J]. Biochemical Society Transactions, 1983, 11:591 - 592.

[187] HAABER J, MIDDELBOE M. Viral lysis of *Phaeocystis pouchetii*: Implications for algal population dynamics and heterotrophic C, N and P cycling[J]. ISME Journal, 2009, 3(4):430 - 441.

[188] ZHANG Y, SU H, ZHONG Y, et al. The effect of bacterial contamination on the heterotrophic cultivation of *Chlorella pyrenoidosa* in wastewater from the production of

soybean products[J]. Water Research, 2012, 46(17):5509 - 5516.

[189] WATANABE K, TAKIHANA N, AOYAGI H, et al. Symbiotic association in *Chlorella* culture[J]. FEMS Microbiology Ecology, 2005, 51(2):187 - 196.

[190] PANKRATOVA E, TREFILOVA L, ZYABLYKH R, et al. Cyanobacterium *Nostoc paludosum* Kutz as a basis for creation of agriculturally useful microbial associations by the example of bacteria of the genus *Rhizobium*[J]. Microbiology, 2008, 77(2):228 - 234.

[191] GUO F, FAN H, LIU Z, et al. Brain abscess caused by *Bacillus megaterium* in an adult patient[J]. Chinese Medical Journal, 2015, 128(11):1552 - 1554.

[192] ALIJANI Z, AMINI J, ASHENGROPH M, et al. Antifungal activity of volatile compounds produced by *Staphylococcus sciuri* strain MarR44 and its potential for the biocontrol of *Colletotrichum nymphaeae*, causal agent strawberry anthracnose[J]. International Journal of Food Microbiology, 2019, 307:1 - 9.

[193] HLORDZI V, KUEBUTORNYE F, AFRIYIE G, et al. The use of *Bacillus* species in maintenance of water quality in aquaculture: A review[J]. Aquaculture Reports, 2020, 18:1 - 12.

[194] MATHIMANI T, MALLICK N. A comprehensive review on harvesting of microalgae for biodiesel - key challenges and future directions[J]. Renewable and Sustainable Energy Revies, 2018, 91:1103 - 1120.

[195] WANG J, ZHANG T, DAO G, et al. Microalgae-based advanced municipal wastewater treatment for reuse in water bodies[J]. Applied Microbiology and Biotechnology, 2017, 101(7):2659 - 2675.

[196] HE P, MAO B, SHEN C, et al. Cultivation of *Chlorella vulgaris* on wastewater containing high levels of ammonia for biodiesel production[J]. Bioresource Technology, 2013, 129:177 - 181.

[197] ULUDAG-DEMIRER S, DEMIRER G, FREAR C, et al. Anaerobic digestion of dairy manure with enhanced ammonia removal[J]. Journal of Environmental Management, 2008, 86(1):193 - 200.

[198] BIDDANDA B, BENNER R. Carbon, nitrogen, and carbohydrate fluxes during the production of particulate and dissolved organic matter by marine phytoplankton[J]. Limnology and Oceanography, 1997, 42(3):506 - 518.

[199] LOPEZ-SERNA R, GARCIA D, BOLADO S, et al. Photobioreactors based on microalgae-bacteria and purple phototrophic bacteria consortia: A promising technology to

reduce the load of veterinary drugs from piggery wastewater[J]. Science of The Total Environment, 2019, 692:259 - 266.

[200] PRATT R. Studies on *Chlorella vulgaris*, Ⅴ: Some properties of the growth-inhibitor formed by *Chlorella* cells[J]. American Journal of Botany, 1942, 29(2):142 - 148.

[201] WANG L, LI Y, CHEN P, et al. Anaerobic digested dairy manure as a nutrient supplement for cultivation of oil-rich green microalgae *Chlorella* sp. [J]. Bioresource Technology, 2010, 101(8):2623 - 2628.

[202] JI M, KIM H, SAPIREDDY V, et al. Simultaneous nutrient removal and lipid production from pretreated piggery wastewater by *Chlorella vulgaris* YSW - 04[J]. Applied Microbiology and Biotechnology, 2013, 97(6):2701 - 2710.

[203] DE GODOS I, BLANCO S, GARCIA-ENCINA P, et al. Long-term operation of high rate algal ponds for the bioremediation of piggery wastewaters at high loading rates[J]. Bioresource Technology, 2009, 100(19):4332 - 4339.

[204] DE GODOS I, GONZALEZ C, BECARES E, et al. Simultaneous nutrients and carbon removal during pretreated swine slurry degradation in a tubular biofilm photobioreactor [J]. Applied Microbiology and Biotechnology, 2009, 82(1):187 - 194.

[205] LEE Y, HAN G. Complete reduction of highly concentrated contaminants in piggery waste by a novel process scheme with an algal-bacterial symbiotic photobioreactor[J]. Journal of Environmental Management, 2016, 177:202 - 212.

[206] AHMAD J, CAI W, ZHAO Z, et al. Stability of algal-bacterial granules in continuous-flow reactors to treat varying strength domestic wastewater[J]. Bioresource Technology, 2017, 244:225 - 233.

[207] 国家环境保护总局《水和废水监测分析方法》编委会. 水和废水监测分析方法[M]. 4 版. 北京:中国环境科学出版社,2002.

[208] JI F, LIU Y, HAO R, et al. Biomass production and nutrients removal by a new microalgae strain *Desmodesmus* sp. in anaerobic digestion wastewater[J]. Bioresource Technology, 2014, 161:200 - 207.

[209] LU Q, ZHOU W, MIN M, et al. Growing *Chlorella* sp. on meat processing wastewater for nutrient removal and biomass production[J]. Bioresource Technology, 2015, 198:189 - 197.

[210] FAROOQ W, LEE Y, RYU B, et al. Two-stage cultivation of two *Chlorella* sp. strains by simultaneous treatment of brewery wastewater and maximizing lipid produc-

tivity[J]. Bioresource Technology, 2013, 132:230 – 238.

[211] SU Y, MENNERICH A, URBAN B. Synergistic cooperation between wastewater-born algae and activated sludge for wastewater treatment: Influence of algae and sludge inoculation ratios[J]. Bioresource Technology, 2012, 105:67 – 73.

[212] SUN L, ZUO W, TIAN Y, et al. Performance and microbial community analysis of an algal-activated sludge symbiotic system: Effect of activated sludge concentration[J]. Journal of Environmental Sciences, 2019, 76:121 – 132.

[213] DHAMI N, REDDY M, MUKHERJEE A. Biomineralization of calcium carbonate polymorphs by the bacterial strains isolated from calcareous sites[J]. Journal of Microbiology and Biotechnology, 2013, 23(5):707 – 714.

[214] 何霞, 赵彬, 吕剑, 等. 异养硝化细菌 Bacillus sp. LY 脱氮性能研究[J]. 环境科学, 2007, 6:1404 – 1408.

[215] CHARPENTIER C, DOS SANTOS A, FEUILLAT M. Release of macromolecules by Saccharomyces cerevisiae during ageing of French flor sherry wine "Vin jaune"[J]. International Journal of Food Microbiology, 2004, 96(3):253 – 262.

[216] LIU J, WU Y, WU C, et al. Advanced nutrient removal from surface water by a consortium of attached microalgae and bacteria: A review[J]. Bioresource Technology, 2017, 241:1127 – 1137.

[217] NGUYEN T, NGUYEN T, BINH Q, et al. Co-culture of microalgae-activated sludge for wastewater treatment and biomass production: Exploring their role under different inoculation ratios[J]. Bioresource Technology, 2020, 314:1 – 10.

[218] LEI X, SUGIURA N, FENG C, et al. Pretreatment of anaerobic digestion effluent with ammonia stripping and biogas purification[J]. Journal of Hazardous Materials, 2007, 145(3):391 – 397.

[219] RAHMAN A, ELLIS J, MILLER C. Bioremediation of domestic wastewater and production of bioproducts from microalgae using waste stabilization ponds[J]. Journal of Bioremediation and Biodegradation, 2012, 3(6):e113.

[220] SHI J, PODOLA B, MELKONIAN M. Removal of nitrogen and phosphorus from wastewater using microalgae immobilized on twin layers: an experimental study[J]. Journal of Applied Phycology, 2007, 19(5):417 – 423.

[221] FENG C, JOHNS M. Effect of C/N ratio and aeration on the fatty-acid composition of heterotrophic Chlorella sorokiniana[J]. Journal of Applied Phycology, 1991, 3(3):203 – 209.

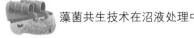
[222] MOHSENPOUR S, HENNIGE S, WILLOUGHBY N, et al. Integrating micro-algae into wastewater treatment: A review[J]. Science of The Total Environment, 2021, 752:1 – 23.

[223] LU Q, ZHOU W, MIN M, et al. Mitigating ammonia nitrogen deficiency in dairy wastewaters for algae cultivation[J]. Bioresource Technology, 2016, 201:33 – 40.

[224] QI W, CHEN T, WANG L, et al. High-strength fermentable wastewater reclamation through a sequential process of anaerobic fermentation followed by microalgae cultivation[J]. Bioresource Technology, 2017, 227:317 – 323.

[225] 杨翔梅. 细菌强化微藻生物系统对养猪废水厌氧消化液的处理研究[D]. 杭州:浙江大学, 2018.

[226] GAO F, YANG H, LI C, et al. Effect of organic carbon to nitrogen ratio in wastewater on growth, nutrient uptake and lipid accumulation of a mixotrophic microalgae *Chlorella* sp. [J]. Bioresource Technology, 2019, 282:118 – 124.

[227] 张旭, 刘佳, 许兵. 缓释碳源材料及其在低碳氮比废水处理中的应用[J]. 工业用水与废水, 2021, 52(2):1 – 5.

[228] 石娜, 高阳, 翟进伟, 等. 高碳氮比废水作为补充碳源对污水处理效果的影响[J]. 山东化工, 2021, 50(18):266 – 270.

[229] THWAITES B, SHORT M, STUETZ R, et al. Comparing the performance of aerobic granular sludge versus conventional activated sludge for microbial log removal and effluent quality: Implications for water reuse[J]. Water Research, 2018, 145:442 – 452.

[230] WAGNER M, LOY A. Bacterial community composition and function in sewage treatment systems[J]. Current Opinion in Biotechnology, 2002, 13(3):218 – 227.

[231] 李炳堂, 胡智泉, 刘冬敏, 等. 活性污泥中菌群多样性及其功能调控研究进展[J]. 微生物学通报, 2019, 46(8):2009 – 2019.

[232] 石蕾, 耿金峰, 马欣欣, 等. 4种富油微藻产业化应用前景比较研究[J]. 食品研究与开发, 2015, 36(18):7 – 10.

[233] GRIFFIN J, HARRION S. Lipid productivity as a key characteristic for choosing algal species for biodiesel production[J]. Journal of Applied Phycology, 2009, 21:493 – 507.

[234] KNOTHE G. "Designer" biodiesel: optimizing fatty ester composition to improve fuel properties[J]. Energy Fuels, 2008, 22(2):1358 – 1364.

[235] 朱顺妮, 刘芬, 樊均辉, 等. 微藻生物能源研究现状及展望[J]. 新能源进展, 2018, 6(6):467 – 474.

[236] WILLIAMS P, LAURENS L. Microalgae as biodiesel & biomass feedstocks: Review & analysis of the biochemistry, energetics & economics[J]. Energy and Environmental Science, 2010, 3(5):554 – 590.

[237] NGUYEN T, NGUYEN D, LIM J, et al. Investigation of the relationship between bacteria growth and lipid production cultivating of microalgae *Chlorella vulgaris* in seafood wastewater[J]. Energies, 2019, 12(12):1 – 12.

[238] SUN J, YANG P, LI N, et al. Extraction of photosynthetic electron from mixed photosynthetic consortium of bacteria and algae towards sustainable bioelectrical energy harvesting[J]. Electrochimica Acta, 2020, 336:1 – 8.

[239] DITTAMI S, EVEILLARD D, TONON T. A metabolic approach to study algal-bacterial interactions in changing environments[J]. Molecular Ecology, 2014, 23(7):1656 – 1660.

[240] YAO S, LYU S, AN Y, et al. Microalgae-bacteria symbiosis in microalgal growth and biofuel production: a review[J]. Journal of Applied Microbiology, 2019, 126(2):359 – 368.

[241] PARK Y, JE K, LEE K, et al. Growth promotion of *Chlorella ellipsoidea* by co-inoculation with *Brevundimonas* sp. isolated from the microalga[J]. Hydrobiologia, 2008, 598:219 – 228.

[242] LI D, LIU R, CUI X, et al. Co-culture of bacteria and microalgae for treatment of high concentration biogas slurry[J]. Journal of Water Process Engineering, 2021, 41:1 – 12.

[243] GONZALEZ C, MARCINIAK J, VILLAVERDE S, et al. Efficient nutrient removal from swine manure in a tubular biofilm photo-bioreactor using algae-bacteria consortia [J]. Water Science and Technology, 2008, 58(1):95 – 102.

[244] DE GODOS I, VARGAS V, BLANCO S, et al. A comparative evaluation of microalgae for the degradation of piggery wastewater under photosynthetic oxygenation[J]. Bioresource Technology, 2010, 101(14):5150 – 5158.

[245] HERNANDEZ D, RIANO B, COCA M, et al. Treatment of agro-industrial wastewater using microalgae-bacteria consortium combined with anaerobic digestion of the produced biomass[J]. Bioresource Technology, 2013, 135:598 – 603.

[246] WAGNER M, LOY A. Bacterial community composition and function in sewage treatment systems[J]. Current Opinion in Biotechnology, 2002, 13(3):218 – 227.

[247] WANG M, SHI L, WANG Y, et al. The evolution of bacterial community structure and function in microalgal-bacterial consortia with inorganic nitrogen fluctuations in pig-

gery digestate[J]. Journal of Cleaner Production, 2021, 315:1 - 8.

[248] KOUZUMA A, WATANABE K. Exploring the potential of algae/bacteria interactions[J]. Current Opinion in Biotechnology, 2015, 33:125 - 129.

[249] AMIN S, HMELO L, VAN TOL H, et al. Interaction and signalling between a cosmopolitan phytoplankton and associated bacteria[J]. Nature, 2015, 522(7554):98 - 101.

[250] GRABHERR M, HAAS B, YASSOUR M, et al. Full-length transcriptome assembly from RNA-Seq data without a reference genome[J]. Nature Biotechnology, 2011, 29 (7):644 - 652.

[251] LI B, DEWEY C. RSEM: accurate transcript quantification from RNA-Seq data with or without a reference genome[J]. BMC Bioinformatics, 2011, 12:1 - 16.

[252] TRAPNELL C, WILLIAMS B, PERTEA G, et al. Transcript assembly and quantification by RNA-Seq reveals unannotated transcripts and isoform switching during cell differentiation[J]. Nature Biotechnology, 2010, 28(5):511 - 515.

[253] HANSEN K, BRENNER S, DUDOIT S. Biases in Illumina transcriptome sequencing caused by random hexamer priming[J]. Nucleic Acids Research, 2010, 38(12):e131.

[254] HENA S, GUTIERREZ L, CROUE J. Removal of pharmaceutical and personal care products (PPCPs) from wastewater using microalgae: A review[J]. Journal of Hazardous Materials, 2021, 403:1 - 26.

[255] WANG T, HU Y, ZHU M, et al. Integrated transcriptome and physiology analysis of *Microcystis aeruginosa* after exposure to copper sulfate[J]. Journal of Oceanology and Limnology, 2020, 38(1):102 - 113.

[256] LIN M, OCCHIALINI A, ANDRALOJC P, et al. A faster Rubisco with potential to increase photosynthesis in crops[J]. Nature, 2014, 513(7519):547 - 550.

[257] YAMORI W, MASUMOTO C, FUKAYAMA H, et al. Rubisco activase is a key regulator of non-steady-state photosynthesis at any leaf temperature and, to a lesser extent, of steady-state photosynthesis at high temperature[J]. Plant Journal, 2012, 71 (6):871 - 880.

[258] SUN H, REN Y, FAN Y, et al. Systematic metabolic tools reveal underlying mechanism of product biosynthesis in *Chromochloris zofingiensis*[J]. Bioresource Technology, 2021, 337:1 - 9.

[259] LIU J, QIU W, SONG Y. Stimulatory effect of auxins on the growth and lipid productivity of *Chlorella pyrenoidosa* and *Scenedesmus quadricauda* [J]. Algal Research,

2016，18：273－280.

［260］PATTEN C，GLICK B. Bacterial biosynthesis of indole-3-acetic acid［J］. Canadian Journal of Microbiology，1996，42(3)：207－220.

［261］HAN X，ZENG H，BARTOCCI P，et al. Phytohormones and effects on growth and metabolites of microalgae：A review［J］. Fermentation，2018，4(2)：1－15.

［262］刘鹭. 微藻-酵母相互作用机制的多组学分析及强化单细胞油脂生产研究［D］. 广州：华南理工大学，2019.

［263］FEI C，WANG T，WOLDEMICAEL A，et al. Nitrogen supplemented by symbiotic *Rhizobium* stimulates fatty-acid oxidation in *Chlorella variabilis*［J］. Algal Research，2019，44：1－9.

［264］LABEEUW L，KHEY J，BRAMUCCI A，et al. Indole-3-acetic acid is produced by *Emiliania huxleyi* coccolith-bearing cells and triggers a physiological response in bald cells［J］. Frontiers in Microbiology，2016，7：1－16.

［265］王路. 鞭毛组装通路和细菌趋化通路在溶藻弧菌粘附中的作用［D］. 厦门：集美大学，2016.

［266］DAO G，WU G，WANG X，et al. Enhanced microalgae growth through stimulated secretion of indole acetic acid by symbiotic bacteria［J］. Algal Research，2018，33：345－351.

［267］XIE B，XU K，ZHAO H，et al. Isolation of transposon mutants from *Azospirillum brasilense* Yu62 and characterization of genes involved in indole-3-acetic acid biosynthesis［J］. Fems Microbiology Letters，2005，248(1)：57－63.

［268］BARBEZ A，KUBES M，ROLCIK J，et al. A novel putative auxin carrier family regulates intracellular auxin homeostasis in plants［J］. Nature，2012，485(7396)：119－122.

［269］包苑榆，钟萍，韦桂峰，等. 基于^{15}N 稳定同位素技术的斜生栅藻对硝氮和氨氮吸收研究［J］. 水生态学杂志，2011，32(3)：16－20.

［270］OHMORI M，OHMORI K，STROTMANN H. Inhibition of nitrate uptake by ammonia in a blue-green alga，*Anabaena cylindrica*［J］. Archives of Microbiology，1977，114(3)：225－229.

［271］LI X，TONG Y. Physiological and molecular basis of inorganic nitrogen transport in plants［J］. Chinese Bulletin of Botany，2007，24(6)：714－725.

［272］SIEG A，TRETTER P. Differential contribution of the proline and glutamine pathways to glutamate biosynthesis and nitrogen assimilation in yeast lacking glutamate dehydrogenase［J］. Microbiological Research，2014，169(9－10)：709－716.

[273] MURO-PASTOR M，FLORENCIO F. Regulation of ammonium assimilation in cyanobacteria[J]. Plant Physiology and Biochemistry，2003，41(6 - 7)：595 - 603.

[274] 马衡. 基于 GlnR 和 RegX3 介导的耻垢分枝杆菌胆固醇代谢调控机制研究[D]. 石河子：石河子大学，2020.

[275] BERMAN T，BRONK D. Dissolved organic nitrogen：A dynamic participant in aquatic ecosystems[J]. Aquatic Microbial Ecology，2003，31：279 - 305.

[276] 王园园. 基于猪场废水净化的小球藻-地衣芽孢杆菌共培养体系构建及藻菌协同作用研究[D]. 烟台：烟台大学，2020.

[277] 位文倩. 混合培养对栅藻脂质积累的影响机制研究[D]. 西安：西安建筑科技大学，2021.

[278] AHMAD A，YASIN N，DEREK C，et al. Microalgae as a sustainable energy source for biodiesel production：A review[J]. Renewable Sustainable Energy Reviews，2011，15(1)：584 - 593.

[279] KONG F，LIANG Y，LEGERET B，et al. *Chlamydomonas* carries out fatty acid beta-oxidation in ancestral peroxisomes using a bona fide acyl-CoA oxidase[J]. Plant Journal，2017，90(2)：358 - 371.

[280] 汪翔. 三角褐指藻甘油三酯合成及累积途径相关重要节点的研究[D]. 广州：暨南大学，2018.

[281] ABOU-SHANAB R，MATTER I，KIM S，et al. Characterization and identification of lipid-producing microalgae species isolated from a freshwater lake[J]. Biomass and Bioenergy，2011，35(7)：3079 - 3085.

[282] 贺敬，李壮，王英娟，等. 微藻的固定化技术及应用研究[J]. 微创医学，2010，5(6)：600.

[283] 张琦. 基于木质纤维类材料的微藻生物膜技术及其性能影响因素研究[D]. 武汉：华中科技大学，2018.

[284] 王岚，夏梦雷，陈洪章. 过程工程在木质纤维素发酵抑制物解除中的应用[J]. 生物工程学报，2014，30(5)：716 - 725.

[285] 张茜. 木质纤维素基藻类生物膜废水处理实验研究[D]. 武汉：华中科技大学，2018.

[286] LEAL W，ELLAMS D，HAN S，et al. A review of the socio-economic advantages of textile recycling[J]. Journal of Cleaner Production，2019，218：10 - 20.

[287] AHMAD S，MULYADI I，IBRAHIM N，et al. The application of recycled textile and innovative spatial design strategies for a recycling centre exhibition space[J]. Procedia

Social and Behavioral Sciences，2016，234：525 − 535.

[288] CHAUHAN P，KUMAR A，BHUSHAN B. Self-cleaning，stain-resistant and antibacterial superhydrophobic cotton fabric prepared by simple immersion technique[J]. Journal of Colloid and Interface Science，2019，535：66 − 74.

[289] 吴泓涛，蒲富永，陈同斌，等. 高浓度有机废水截留处理工艺研究[J]. 农业环境保护，2001，6：435 − 437.

[290] ZHAO R，WANG W，ZHU F，et al. Surface modification of PVDF membrane by simultaneously using low temperature plasma and ammonium carbonate solution[J]. Desalination and Water Treatment，2015，56(9)：2276 − 2283.

[291] TSAVATOPOULOU V，MANARIOTIS I. The effect of surface properties on the formation of *Scenedesmus rubescens* biofilm[J]. Algal Research，2020，52：1 − 9.

[292] 刘玉环，黄磊，王允圃，等. 大规模微藻光生物反应器的研究进展[J]. 生物加工过程，2016，14(1)：65 − 73.

[293] WANG B，LAN C，HORSMAN M. Closed photobioreactors for production of microalgal biomasses[J]. Biotechnology Advances，2012，30(4)：904 − 912.

[294] 石峰. 螺旋藻平板式光生物反应器的高密度培养研究[D]. 南京：南京农业大学，2016.

缩略词检索表

缩略词	英文名称	中文名称
AD	anaerobic digestion	厌氧消化
APS	aquatic plant systems	水生植物系统
ATS	algae turf scrubbers	藻类洗涤器
BOD	biological oxygen demand	生物需氧量
COD	chemical oxygen demand	化学需氧量
CW	constructed wetlands	人工湿地
DEGs	differentially expressed genes	差异表达基因
DNA	deoxyribonucleic acid	脱氧核糖核酸
DO	dissolved oxygen	溶解氧
EPS	extracellular polymeric substances	胞外聚合物
GDH	glutamate dehydrogenase	谷氨酸脱氢酶
Glu	glutamic acid	谷氨酸
GOGAT	glutamate synthase	谷氨酸合成酶
GS	glutamine synthetase	谷氨酰胺合成酶
HRAP	high rate algal ponds	高效藻类池
HRT	hydraulic retention time	水力停留时间
IAA	indole – 3 – acetic acid	吲哚 – 3 –乙酸
IAAld	indole – 3 – acetaldehyde	吲哚 – 3 –乙醛

缩略词	英文名称	中文名称
MUFA	monounsaturated fatty acid	单不饱和脂肪酸
OAA	oxaloacetic acid	草酰乙酸
ORF	open reading frame	开放阅读框
PCR	polymerase chain reaction	聚合酶链式反应
PGA	glycerate - 3 - phosphate	3 -磷酸甘油酸
PGAld	glyceraldehyde - 3 - phosphate	3 -磷酸甘油醛
PUFA	polyunsaturated fatty acid	多不饱和脂肪酸
RABR	rotating algal biofilm reactor	旋转藻生物膜反应器
RNA	ribonucleic acid	核糖核酸
RuBP	ribulose - 1,5 - bisphosphate	1,5 -二磷酸核酮糖
SAP	soluble algae products	可溶性微藻产物
SFA	saturated fatty acid	饱和脂肪酸
TAG	triacylglycerol	三酰甘油
TN	total nitrogen	总氮
TP	total phosphorus	总磷
TSS	total suspended solids	总悬浮固体
UFA	unsaturated fatty acid	不饱和脂肪酸
WSP	waste stabilization ponds	废水稳定池
α-KG	α-ketoglutaric acid	α-酮戊二酸